本书得到国家自然科学基金项目（71303235）的资助

煤矿绿色生态投入
动力分析及机制设计

信春华　赵金煜　著

北　京
冶金工业出版社
2017

内 容 提 要

　　在煤矿区生态环境严重恶化和建设美丽中国的大背景下，本书深入研究了煤矿绿色生态投入动力机制。首先，在多层面界定煤矿绿色生态投入含义的基础上，建立绿色生态投入与环境成本的关系模型；其次，从经济机理和制度分析两个方面，建立经济学模型，分析环境成本外部化对绿色生态投入的影响以及制度缺失对企业绿色生态投资的影响；再次，从产业角度构建煤炭生态产业系统的非线性动力演化机制模型，找出影响系统演进的关键因素并揭示其影响机理；然后，建立煤矿安全、高效与绿色开采多任务委托代理模型和煤矿生态投入的政府规制博弈模型，揭示煤矿绿色生态投入的激励与约束机理；最后，结合模型结论提出煤矿绿色生态投入综合动力机制和制度保障。

　　本书可供矿业工程及管理学专业的研究生使用，也可供有关企业管理人员和工程技术人员参考。

图书在版编目（CIP）数据

　　煤矿绿色生态投入动力分析及机制设计/信春华，赵金煜著.
—北京：冶金工业出版社，2017.9
　　ISBN 978-7-5024-7500-0

　　Ⅰ.①煤…　Ⅱ.①信…　②赵…　Ⅲ.①煤矿开采—无污染技术
—研究　Ⅳ.①TD82

　　中国版本图书馆 CIP 数据核字（2017）第 075163 号

出 版 人　谭学余
地　　　址　北京市东城区嵩祝院北巷 39 号　邮编　100009　电话　(010)64027926
网　　　址　www.cnmip.com.cn　电子信箱　yjcbs@cnmip.com.cn
责任编辑　郭冬艳　美术编辑　吕欣童　版式设计　孙跃红
责任校对　王永欣　责任印制　牛晓波
ISBN 978-7-5024-7500-0
冶金工业出版社出版发行；各地新华书店经销；固安华明印业有限公司印刷
2017 年 9 月第 1 版，2017 年 9 月第 1 次印刷
169mm×239mm；12.25 印张；238 千字；184 页
48.00 元
冶金工业出版社　投稿电话　(010)64027932　投稿信箱　tougao@cnmip.com.cn
冶金工业出版社营销中心　电话　(010)64044283　传真　(010)64027893
冶金书店　地址　北京市东四西大街 46 号(100010)　电话　(010)65289081(兼传真)
冶金工业出版社天猫旗舰店　yjgycbs.tmall.com
　　　　　　　　（本书如有印装质量问题，本社营销中心负责退换）

前　言

近年来，世界各国纷纷倡导"绿色经济""绿色 GDP""清洁生产"等理念和方法。我国"十二五"规划纲要指出中国要走社会发展与人口能源环境相协调的可持续发展之路，党的十八大报告更是提出要大力推进生态文明建设，从源头上扭转生态环境恶化趋势，"十三五"规划纲要指出要加快建设资源节约型、环境友好型社会，提高生态文明水平，增强可持续发展能力。

煤炭是我国的主要能源，"富煤、贫油、少气"的能源结构特点，决定了我国经济发展依赖的一次能源仍以煤炭为主，且长期内这种状况难以改变。但是由于矿山传统的粗放发展模式，煤矿绿色生态投入不足，矿区生态环境恶化形势严峻：大量矸石外排，占用大量农田，对空气和土地环境造成污染；矿井瓦斯抽排，没有加以有效利用，对大气环境造成污染；矿井水综合利用和循环利用不到位，造成地下水位的下降和水污染；煤炭开采引起土地塌陷，同时也造成了土壤质量下降、生物多样性丧失、自然景观破坏等生态问题。目前，中国 60% 煤矿区的生态系统受到威胁；全国 96 个重点矿区中，缺水矿区占71%；煤炭开采已造成 700000hm^2 的地面沉降，产生 500 亿元的损失；煤炭工业废水占中国总废水的 25%。煤矿区已经成为人类生态干扰破坏程度最大的区域之一。

在加强煤矿区生态环境的保护和治理过程中，煤矿企业的发展模式需要有较大改变，既涉及采矿理念的调整、管理模式的调整、绿色生态投入的加大，又涉及制度的演化、技术创新调整等。在众多的问题中，"如何增强煤矿企业绿色生态投入的动力，激励企业积极进行绿色生态创新与实践、努力建设美丽矿山"成为关键。

当前绿色生态投入不足是煤矿企业普遍存在的问题。长期以来，煤矿企业习惯于以国家为投资主体的绿色生态投入机制，相关制度缺乏效率，没有形成对矿山企业的有效激励和约束机制，致使企业缺乏绿色生态投入的自觉性。随着市场机制的完善，绿色生态投入将进一步遵循"谁污染、谁破坏、谁治理；谁受益、谁投资"的原则，矿区的环境保护与治理成为以煤矿企业为投资主体的经济活动，建立科学有效的绿色生态投入理论势在必行。投入动力是煤矿绿色生态投入问题的重要方面，受到政府和企业决策者的普遍关注。

本书选取生态受人类干扰破坏程度较大的煤矿及煤矿区为研究对象，创新性地引入绿色生态投入研究视角。首先，从环境污染被动治理—生态环境主动防治—保障泛利益相关者的生存权利三个层面，分别界定了煤矿绿色生态投入的内涵，立足生态环境主动防治维度，从多维资源观角度，以资源回收率为媒介，建立了环境成本与绿色生态投入的关系模型；其次，建立了煤矿绿色生态投入的短期和长期成本收益曲线、社会和企业净收益曲线、基于 MFCA 进行了煤炭加工企业可识别与不可识别环境成本核算及分析，多角度揭示了煤矿企业绿色生态投入动力缺失的经济机理；然后，在梳理煤炭行业环境制度现状的基础上，运用新制度经济学分析了煤矿绿色生态投入的制度驱动和传导机理，建立了制度缺失条件下煤矿绿色生态投入决策模型，揭示了煤矿企业绿色生态投入动力缺失的制度原因；接着，建立煤炭生态产业系统演化机制的 Logistic 模型，在模型稳定状态点分析的基础上，得出了企业的资源利用重叠关联度 γ、煤炭产业系统内部生态型企业的生长率 α、非生态型企业的生长率 β 是决定演化方向的主要决定因素；在理论分析的基础上，构建灰色关联模型，搜集整理上市公司的数据，实证分析了煤炭生态产业演化程度与主要参考因素之间的变化趋势，得出了影响煤炭生态产业系统演化的主要因素；然后，建立了煤矿安全、高效与绿色开采多任务委托代理模型，分析煤矿绿色生态投入的激励机理，建立煤矿绿色生态投入的政府规制博弈模型，得出了政府与企业动态博弈混合策略的纳什均衡；最后，在以上模型和分析结论的基础上，构建了煤矿绿色生态投入综合动力机制，提出了相应的制度保障。研究成果从理论和实证层面探究了煤矿绿色生态投入动力机制形成过程中的一些共性问题，既可以为建立有效的矿山资源浪费和环境污染问题的解决机制提供决策依据，又可以为中国其他区域的生态文明研究提供新的视角，丰富生态文明的研究思路和研究方法。

　　本书主要是根据国家自然科学基金项目——煤矿绿色生态投入动力分析及机制设计（71303235）的研究成果撰写而成的，同时得到中国矿业大学（北京）"越崎青年学者"资助，在此对参与科研课题及为我们提供了大量实证资料的同行和朋友表示感谢。在本书撰写过程中，中国矿业大学（北京）的张瑞副教授、施颖讲师、刘娜、乔木、石文杰、蔡国艳、王翠香、曲浩、黄朦、徐川博等收集了大量的资料和案例，并参与了部分内容的编写工作，在此表示真诚的感谢。同时，本书参阅了有关文献资料，向所有的作者表示衷心感谢，对他们的辛勤劳动表示由衷的钦佩。

　　尽管在编写过程中尽心尽力，力求论述清楚、分析透彻、求同存异，以期对我国煤矿绿色生态矿山建设的发展有所裨益，但由于作者能力和水平所限，疏漏和不妥之处在所难免，恳请广大同行和各界读者批评指正，不胜感激。

作　者

2017 年 7 月 28 日

目　　录

1 绪 论

1.1 背景和意义

1.1.1 研究背景

1.1.1.1 煤炭在国民经济中的重要地位

绿色矿山建设是我国煤炭企业实现可持续发展、全面落实生态文明建设的必由之路。党的十八大报告将生态文明建设单独成章，摆在了和经济建设、政治建设、文化建设、社会建设同样重要的位置。生态环境不断恶化、自然资源大量浪费的严峻形势要求我们必须合理地开发利用资源，并且在经济建设的过程中重视对生态环境的保护和治理。另一方面，随着我国经济增长速度降低和改革的程度不断深入，以往依靠高消耗、高污染的经济发展方式已经不能满足经济发展的需要。

一直以来，煤炭在我国各类能源消耗中比重较大，地位举足轻重。中国多煤少油的资源分布特点也决定了煤炭将长期作为我国经济和社会发展过程中的主要能源。改革开放以来，煤炭的开发和利用为我国经济的持续增长提供了能源支撑。根据国家统计局提供的数据显示，从 2005 年至 2014 年，中国煤炭消耗占所有能源消耗的 65% ~ 75%，为我国社会主义现代化建设提供了能源保障。如图 1-1 所示。

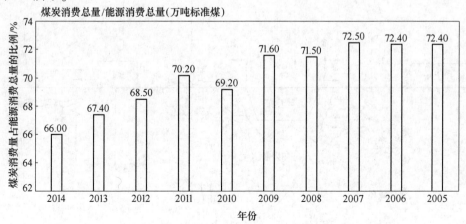

图 1-1　2005 年到 2014 年煤炭消费总量占能源消费总量的比例

1.1.1.2 煤炭开采对生态环境的影响和破坏

煤炭资源在我国的一次能源消费结构中占75%,是我国的主要能源。但是在煤炭的开采过程中,其开采活动本身以及在开采过程中产生的副产品都会给生态环境造成极大的影响。矿山生态环境问题的产生是一个多环节、多因素的复杂过程。所谓多环节是指矿山环境问题形成于煤炭开采、加工、储运和使用的全过程;所谓多因素是指环境问题的形成与技术、资金、管理方式、思想观念等多因子相关。煤炭开采所影响和破坏的环境对象包括水环境、大气环境、声环境以及土地资源环境。井工矿和露天矿对生态环境的影响分别如图1-2和图1-3所示。

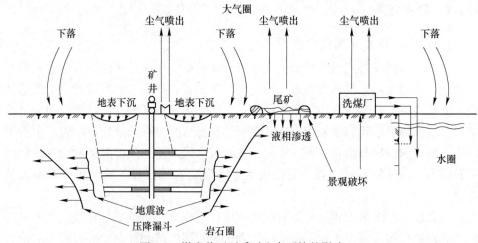

图 1-2 煤炭井下开采对生态环境的影响

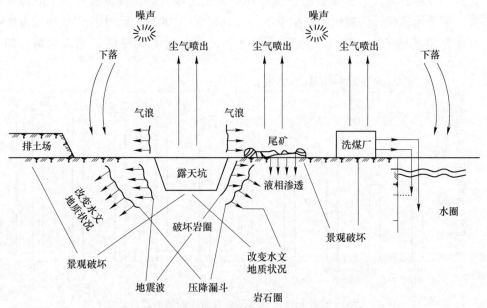

图 1-3 露天矿开采对生态环境的影响

环境问题包括环境破坏和环境污染两大类：环境破坏是指由于开发利用资源引起的一系列环境问题，如崩塌、滑坡、泥石流、水土流失、土地沙化等，进而导致资源的短缺；环境污染则主要是指人类活动向环境中排放的物质，如向环境中排放废气、废水、废渣和噪声等，进而使环境质量降低，危害人类的生存、发展和生物的正常生长。如表1-1所示。

表1-1 污染因素产生的环境问题分类

环境问题	具体分类	所对应的污染因素
环境破坏	资源的浪费与破坏	煤炭开采的特有属性
	地层错动与地表下沉	
	滑坡、泥石流及山体崩塌	
环境污染	空气污染	采煤废气、自燃废气及粉尘
	水污染	采煤废水、煤矸石
	土地占用、污染和退化	煤矸石、露天剥离物、煤泥
	噪声污染	噪声
	气候变化	采煤废气、自燃废气

A 土地资源和地表自然景观的破坏

煤炭开采活动的不断深入对土地资源的破坏日益加剧，造成土地的劣化、贫瘠化以及干旱化，不仅使耕地急剧减少，还造成地表水源和地下含水层水源的漏失，致使矿区发生水土流失、沙漠化、泥石流及山坡坍塌滑移等问题，使脆弱的矿区生态环境系统的破坏问题更加严重。

煤炭开采过程中对土地资源的破坏主要有以下三个方面：一是用井工方法进行地下开采引起地表塌陷破坏土地；二是用露天方法开采剥离覆岩土层时对地表挖损破坏土地；三是井工开采过程中，因岩石井（巷）掘进运出的废石、采煤过程中工作面顶底板岩石、煤层中夹矸混入采出煤炭中被筛选出的矸石以及露天开采过程中上覆岩层剥离的土石排放场（统称为固体废弃物）压占破坏土地。

据统计，我国煤矿现有矸石山1500余座，堆积量约为30亿吨，占地约5800hm²。目前每年的矸石生产量约为1.5亿~2.0亿吨。矸石山压占土地，若不采取措施一部分还会因自燃而污染大气环境。矸石山淋溶水有时呈现较强酸性、碱性或含有毒有害元素，选址不好又不采取防渗措施将会污染周围土壤、地面及地下水体，产生环境危害，目前已成为矿区的主要环境问题之一。

B 水资源的破坏

煤炭开采对水资源的影响主要表现在两个方面：一方面是对地表水的污染与破坏，另一方面是对地下水的污染与破坏。

（1）对地表水的影响。矿井水主要来自地表渗水、岩石孔隙水、地下含水层疏放水以及煤矿生产中防尘、灌浆和充填产生的污水等。矿井水是煤矿排放量最大的一种废水，它对地表水（如河流、湖泊）等水资源产生较大的污染与破坏。全国煤矿年排水量约为 22 亿立方米，大部分矿区吨煤排水量为 $2\sim4m^3$，少数矿区吨煤排水量达数十立方米（如焦作矿区为 $47.1m^3/t$）。矿井水外排，不仅破坏了矿区生产、生活环境，也对社会文明、进步产生不利的影响。此外，矸石和露天堆煤场遇到雨天，污水流经地表水体，以及选煤厂的废水不经处理大量排放，对地表水源造成污染等，使矿区周围的河流、沼泽地或积水池等变为黑水死水。

（2）对地下水的影响。煤矿开采必然涉及对地下水的疏干和排泄，由于地下水的不断疏干，必然导致地下水水位大范围大幅度下降，加上矿区水资源系统的补给、径流与排泄的关系，常导致矿区主要供水水源枯竭、地表植被干枯、自然景观破坏、农业产量下降，严重时可引起地表土壤沙化。

地表水的污染和破坏往往是显而易见的，相对容易治理。而地下水的污染具有隐蔽性且难以恢复，影响较为深远。由于地下水的流动较为缓慢，仅靠含水层本身的自然净化，需长达几十年甚至上百年的时间，且污染区域难以确定，容易造成意外污染事故。

1）煤矸石淋滤液污染地下水。煤矸石在雨水的淋滤作用下，形成酸性水，致使大量的悬浮物、有机物对周围水环境造成严重污染。淋滤液中的重金属元素毒性很大、污染严重，对生物和人类的健康都会造成危害，也会进入土壤，并向浅层地下水迁移，导致矿物地下水水质的恶化。

2）粉煤灰污染浅层地下水。粉煤灰场地露天堆放，经日晒雨淋，有毒有害成分向地下渗透，在土壤中聚集，进而向浅水层地下水中迁移，污染浅层地下水资源。

3）矿井水、洗选水对地下水的污染。随着矿井的开发，矿井排放大量的矿井水，有些矿井水或含有大量悬浮物或为高矿化度或为酸性水，甚至还含有少量放射性元素，这些未经处理的矿井水排入矿区塌陷坑或附近的地表水体，由于地表水体与浅层地下水之间存在联系，因此外排的矿井水会对浅层地下水造成污染。

4）改变了矿区的水文地质条件。采煤引起的地面塌陷不仅破坏了矿区的生态环境，而且大面积的塌陷引起工程地质条件的改变，加强了水文地质化学作用，促使地下水水质恶化。大部分塌陷区形成水面，小部分形成沼泽。一些矿区疏干排出的劣质水进入塌陷区，加速了附近区域的地下水质恶化。

C　大气环境污染

（1）煤炭开发、储存和运输过程中对大气环境的污染。煤炭生产过程中的每个环节都会产生粉尘，由于大量的地面煤仓、煤场以及煤矸石缺乏防尘及降尘设备，煤尘到处飞扬，不仅造成大量矿产资源流失，而且严重污染矿区大气环境。矿区的主要铁路、公路边尘土飞扬，严重影响了矿区的大气环境质量。

（2）燃煤造成的大气环境污染。二氧化硫、二氧化碳等大气污染物，来自于煤炭燃烧产生，污染源主要是矿区内各种燃煤电厂、工业燃煤锅炉等，其中燃煤电厂对矿区大气污染影响最大。此外，煤矸石山的自燃过程中也会产生大量的烟尘及二氧化硫等有害有毒气体，严重污染矿区及周边的大气环境。

（3）矿井瓦斯排放造成的大气环境污染。瓦斯是井下煤层开采释放出来的有害气体，经矿井通风排放的甲烷量约为人类活动所排放甲烷量的 10 倍。我国煤矿工业甲烷的排放量在 10 亿立方米以上，约占世界因采煤而排放出甲烷总量的三分之一。瓦斯排放不仅直接污染大气，而且也是一种主要的温室效应气体，危及地区乃至全球气候及生态。

D 噪声污染

煤矿井下噪声主要来自凿岩、爆破、采煤和通风排水等所用的各种机电设备。其噪声级达 90dB（A）以上，有的高达 120dB（A），远远超过国家工业卫生标准。在煤炭生产过程中，噪声污染已成为矿区的主要污染源之一。由于井下工作面狭窄，容易形成混合声，使井下工作面的噪声级普遍超过国家标准。煤矿地面噪声源十分广泛，其强噪声源主要集中在井口和选煤厂，对作业环境影响特别严重，常常对职工造成听觉损害。同时，噪声还会污染周围环境，影响居民的正常生活、学习和工作。

1.1.1.3 生态保护对煤矿开采的特殊要求

随着工业化进程的不断深入，日益严重的环境污染和资源危机已经对人类的生存和社会的发展构成威胁。我国长期以来"高投入、高产出、高污染、低效率"的经济发展模式使这一矛盾更加突出，特别是能源企业在高强度地开采和消耗资源的同时，也在高强度地破坏与其密切相关的区域生态环境。经济发展、资源开发与环境保护存在着相互依赖、相互制约的关系。资源是发展经济的物质基础，经济的高速发展离不开煤炭资源的广泛和大量的开发利用，合理开发和利用资源是实现经济社会可持续发展的前提。当前人类社会的发展，从人与自然的关系上看，已经进入了新的生态时代。在此基础上，我国经济发展中，已经出现了明显的"经济生态化"的发展趋势，同时也提出了"资源开发利用生态化"的要求。两者都是生态时代的必然产物。煤炭作为我国基础能源，在我国能源格局中占很高的比重，但是煤炭资源开采利用带来的环境生态破坏也是最严重的，因此生态保护对煤矿开采提出了许多特殊要求。

（1）需要从根本上解决矿山生态环境污染与防治问题。我国在煤炭资源开发利用中所引起的生态环境问题已日益严重，主要表现为：一是采煤过程中排放的废气、废水、废料和生产过程中的噪声对生态环境的影响；二是煤炭开采引起的地表沉陷对生态环境的直接破坏。

（2）需要消除煤矿重大灾害源，显著减少矿山工程地质灾害的发生，提高矿山安全管理水平。矿山开采不当不仅会带来生态环境污染问题，还会产生或诱发矿区地面塌陷、崩塌、瓦斯突出、矿井水突出等地质灾害，严重威胁矿山正常生产和人民的生命财产安全，造成大量人员伤亡和经济损失。

（3）需要提高资源综合利用率，降低能耗。煤炭开采过程中，有些矿山由于经济和安全等因素的影响，大量残留矿柱或采富后留下的周边贫矿体等难以再次回采，致使煤炭资源被大量遗弃；同时，煤矿工业广场地面建筑的供暖、井筒防冻及职工浴室洗澡热水需要消耗大量的热能，传统做法是通过燃煤锅炉提供热源以满足上述要求。这样，不仅消耗大量煤炭，而且煤炭燃烧时排放大量污染物也会造成环境污染。生态保护要求的提高需要煤炭企业提高资源综合利用率，降低能耗。

目前，尽管从中央到地方做了大量工作，但矿山生态环境恢复治理的速度仍远远赶不上矿产资源开发的生态破坏速度。因此，必须增强对矿山生态环境保护紧迫感和责任感的认识，从源头上解决矿产资源开发对环境的破坏。煤炭生态产业的建设对于调整产业结构、淘汰落后产能、提高资源利用率、节能减排、保护生态环境都具有十分重要的意义。

1.1.2 研究意义

2014 年，习近平总书记在亚太经合组织（APEC）工商领导人峰会上提出："中国经济呈现出新常态，从高速增长转为中高速增长，经济结构优化升级，从要素驱动、投资驱动转向创新驱动。"在这个新的阶段，经济结构和经济发展模式将会全面转型。我国的煤炭行业在经历过"以规模论英雄"的黄金十年后面临着需求回落、环境制约、产能过剩的沉重压力。为适应新常态，煤炭行业必须实现低碳发展，走清洁能源发展之路，走转型升级、创新发展之路，从源头上遏制环境污染。2015 年，我国的煤炭产量占世界的 47%，煤炭消费量占世界的一半，煤炭在我国能源消费结构的比重达到 64%，在上述背景下仍处于支柱的地位。然而，煤炭的开采、加工和利用过程中常常伴随着严重的废气污染、废水及固体排放物，造成水体污染严重等种种环境问题，需要企业另行进行环境的治理与恢复，增加了企业成本。

为更好地实现煤炭加工企业效益和保护环境的共同发展，需要我们对环境成本的计量与控制进行深入的研究。引入物料流量成本会计（MFCA），通过这种使物料流量和环境成本细致透明的新型环境管理会计方法，降低企业资源能源消耗，减少废弃物的产生，降低企业在生产过程和产品消费过程中对环境造成的损害，克服传统的环境成本核算方法在实务上操作性不强、效果不理想的缺陷。

1.1.2.1 煤炭生态产业建设是时代赋予的使命

2013年国务院公布了《大气污染防治行动计划》，2015年又实施了史上最严厉的《环境保护法》，除了明确提出控制煤炭消费总量外，对煤炭的洁净生产和清洁利用提出了新要求。煤炭企业必须要适应新形势、新要求，转变发展模式，推进煤炭结构调整与转型升级，大力发展煤炭洗选加工、现代煤化工，促进煤炭清洁高效利用，广泛应用先进的技术装备，大力发展循环经济，提高煤炭资源的综合利用效率，促进煤炭生产向机械化、信息化、智能化和绿色开采方向发展。

1.1.2.2 煤炭生态产业建设是社会发展的必然

随着生态环境的持续恶化和人们对环境问题的日益关注，工业系统已经很难继续维持传统的线性生产模式，即无偿地从生态系统中调入原材料，并将大量多余副产品以废弃物形式排放到生态系统中。

A 面对激烈的国际竞争，我国经济必须持续发展

改革开放30多年经济的快速发展，为我国主动参与国际经济和政治提供了广阔的活动空间，使我国真正以大国的姿态活动于国际舞台，也为进一步发展奠定了良好基础。当前，国际竞争无论在经济还是在政治方面都日趋激烈，面对这种形势，不发展或者发展缓慢，就会在国际竞争中处于被动地位。为此，发展仍然是第一主旨，仍然是"硬道理"。

B 资源和环境容量不能支撑原有的经济增长方式

如果说过去的发展是以粗放为主，以资源枯竭和环境破坏为代价。那么，现在这种条件已彻底丧失了，经济已经到达了原有模式所能达到的极限。因此，必须改弦更张，必须探求全新的发展道路。只有这样，才能支撑未来经济，才能在结构变化的基础上，实现总量的持续发展。

C 自然生态系统的还原

不仅如此，未来发展还面临着一个重要任务，这就是自然生态系统的"还原"。它包括：时空错位资源的还原、破损生态系统的修复、产品消费以后最终废弃物的还原。过去粗放的发展模式造成了生态系统的破损，河流污染、生态环境恶化，不合理的经济行为引起的生态破坏，严重地降低了人民的生活质量。因此，需要通过自然生态系统的"还原"，使人民生活水平有实质的提高。

D 国际环境要求的压力

由于"只有一个地球"，保护地球母亲已成为全球共识。许多国家尤其是发达国家对于产品的环境要求越来越高，也要求发展中国家提高环境标准，这是由地球的整体性和环境的相互依存性所决定的。现在，由于经济增长方式不能适应环境保护和可持续发展的要求，我国每年有约40亿美元的产品无法出口，《保护臭氧层国际公约》使我国近50亿美元的产品出口面临各种麻烦。发达国家的技术标准不仅要求末端产品符合环保要求，而且规定从产品的研制、开发、生产到包装、运输、使用、循环利用等各个环节都要符合环保要求。欧盟明确要求包装物的95%必须是能够回收的物质。2004年2月，欧盟颁布了《废弃电子电器设备指令》和《电子电器设备中限制使用某些有害物质指令》，规定：从2005年8月13日起，生产者负责回收处理废弃电子电器设备；2006年7月1日起，在欧盟销售的10大类100多种电子电器设备中，限制使用铅（Pb）、汞（Hg）、镉（Cd）等6种有害物质，同时，还对废弃电子产品制定了强制回收的规定。这两项指令涉及范围不仅包括电气设备产品，还包括零部件、原材料行业，基本覆盖了我国对欧盟出口的所有机电产品。

由此看来，发达国家在不同发展阶段面临的问题，在我国同时出现，而且变得尖锐起来：在初始发展和工业化时期，国际市场和世界资源是发达国家发展的"原料箱"，而我国却只能更多地依赖自己并不丰裕的资源；发达国家可以把落后国家变成"垃圾箱"，而我国只能自己消化和消解。内外挤压，使我国只能而且也必须走不同于过去的发展道路——这就是走煤炭生态产业建设之路。通过减量化、再利用、资源化、无害化，把资源消耗限制在资源再生的阈值之内，把污染排放限制在自然净化的阈值之内，真正实现可持续发展。

针对当前的环境形势、社会发展的必然要求以及矿产资源开发的特点，建设煤炭生态产业是解决这些矛盾的有效手段。通过矿区的生态化发展，将整个生产系统视为一种类似于自然的生态系统，其中一个生产环节产生的"废弃物"被当作另一个生产环节的"营养物"。各生产环节就像自然的生态系统一样，利用彼此的副产物作为原料，形成工业食物链（网），构筑矿区循环经济发展的基础结构和区域经济协调发展的平台，从而有利于实现经济效益、社会效益和生态效益的协调统一。

1.2 国内外研究述评

1.2.1 绿色矿山内涵研究述评

绿色矿山建设是一个十分系统和复杂的工程，它需要长时间的规划和精心布局。黄敬军等（2008）认为绿色矿山是在矿山生产全过程中，注重生产的生态效率和环境保护，实现产品制造的绿色化和废弃物的零排放。乔繁盛等（2010）认为绿色矿山是指矿产资源的开发和利用要以不破坏环境为前提，实现矿产资源开发的最优化。Shen等（2014）认为技术创新是绿色矿山建设的关键因素，所有其他因素都与其有着密切的联系。清洁技术和绿色科技方面获得新的科学突破和降低成本可以让绿色矿山建设更高效、更安全、更清洁。煤矿绿色矿山建设首先要努力做到绿色开采。钱鸣高等（2007）认为矿山绿色开采是在考虑环境承载负荷的前提下，运用更为先进的开采技术，实现环境破坏的最小化或者资源开发利用的最大化的目标。Yu等(2013)认为绿色开采的原则是节约资源、保护环境、以人为本、安全生产，并据煤炭行业自身的特点，建立绿色开采的投入和产出指标，运用DEA的方法进行了实证分析。陈斌等（2010）认为绿色矿山的建设不仅仅是对矿区生态环境的恢复和治理，更是一个复杂的系统工程，通过科学合理的整体规划和大力研发新兴技术，合理开发和高效利用资源，把对生态环境的影响降低至最小的程度，将矿山建设成为资源利用率高、环境污染小、安全高效的可持续矿山。汪云甲（2005）认为矿山的绿色开采要将矿区的生态环境和资源状况综合考虑，通过对生产工艺和生产流程的不断优化以及健全的政策法规等实现对矿区资源的合理开发利用。孙维中（2006）认为绿色矿山就是在资源开发利用的全过程中都要合理、科学、有序，并将矿山开采过程中对生态环境的影响降至最低，对于已经受到影响的生态环境要积极治理、恢复。王一淑（2011）认为绿色矿山是指在对矿山资源进行开采利用的整个过程中，要兼顾生态效益、社会效益、经济效益，运用新技术、新工艺对废弃物进行循环利用，提高资源使用效率，减少对环境的影响和伤害。王社平等（2009）认为绿色矿山就是资源与环境实现友好和谐开采，从矿井建设到煤炭开采的过程中利用环保技术减少对环境的影响，并实现矿井废弃物的再利用，做好矿区的绿化和植被恢复。

很多学者从实践或者学术的角度对绿色矿山的内涵进行了类似的研究，虽然"绿色矿山"的内涵界定尚未形成统一定义，但均注重节约资源、保护环境、高效生产、安全生产等方面。结合各学者的定义，本书认为绿色矿山是指在科学发展观的指导下，坚持以人为本、绿色开采、发展循环经济、提高安全生产水平和生产效率，将矿山建设成为安全、高效、生态的新型矿山。

1.2.2 绿色矿山建设投入研究述评

矿山（区）的生态环境问题早已引起了国内外学者的广泛关注，许多专家学者也从不同角度对绿色煤炭生态产业建设进行探索。Staniskis（2004）认为仅仅依靠约束管制很难使追求利润最大化的企业存在发展清洁生产和生态工业的动力。Reijnders（2006）认为只有通过政府制定法制和政策的约束及向导，使市场供求情况受到影响，才能消除环境资源的负外部性。李永峰（2009）建立了矿区资源环境及其变化的系统测度方法体系，并通过实证研究得出，绿色开采模式可以较大幅度地减轻煤炭资源开发过程中对矿区资源和生态环境的影响。

绿色煤炭生态产业建设投入早已引起了国内外学者的广泛关注，许多专家学者也从不同角度和侧面对绿色煤炭生态产业建设模式及技术进行探索。钱鸣高（2007）院士提出了煤矿绿色开采、科学采矿等理念和方法。卞正富（2007）提出了矿山生态建设的概念，认为在矿山生态建设过程中，要以系统工程的方法贯穿于采矿全过程。孙婷婷（2014）提出了绿色生态投入成本是环境成本的一部分，绿色生态投入成本包括事前的环境保护预防成本、事中的环境清洁投入成本、事后的环境修复治理成本。刘建功（2011）基于煤矿开采对生态环境的扰动影响，提出了低碳煤炭生态产业的概念，探讨了低碳煤炭生态产业建设模式及评价指标体系。信春华等（2012）构建了井工矿低碳煤炭生态产业建设多阶段综合评价模型，并结合冀中能源实例进行说明。赵宇等（2009）指出应从废弃物的治理、采空区塌陷的治理、地质灾害的防治以及矿山土地复垦的角度对煤炭矿区生态环境进行防治。鲍爱华（2005）指出建设绿色煤炭生态产业的核心是技术创新，需要树立循环经济理念与生态自然观，推进废弃物的治理，提高资源利用率，开发循环利用技术，注重生态环境保护和治理。同时指出实施建立健全法规体系，建立绿色煤炭生态产业建设的科技支撑体系，建立绿色煤炭生态产业建设的多元投入机制，建立绿色煤炭生态产业建设的行政推行机制等措施来推进绿色煤炭生态产业建设的发展。Sarkis 等（2000）提出将"3Rs"——减量、再生产、再使用再循环作为环境管理的手段和方法，纳入到企业环境管理的目标中。Klassen 等（2001）认为在产品的生命周期中，环境管理是指能够降低产品生产过程中对外部环境影响的活动的总称。

何平林等（2011）运用数据包络分析的方法，以环境基建投资金额、工业污染源治理投资金额、建设项目"三同时"环保投资作为输入变量，以烟尘、粉尘和二氧化硫实际去除量及三废综合利用产品总产值作为输出变量，对我国环境保护投资的效率进行了研究。汪文生等（2013）选择了我国8家煤炭上市公司作为研究对象，以其研发投入、安全生产累计投入、节能减排投入作为输入指标，煤炭生产能力、百万吨死亡率、绿化覆盖率作为输出指标，运用数据包络分析（DEA）对我国煤炭企业绿色矿山效率进行了研究。2010年8月20日，中国国土资源部发布了《国土资源部关于贯彻落实全国矿产资源规划发展绿色矿业建设绿色矿山工作的指导意见》，并给出了《国家级绿色矿山基本条件》具体细则。《国家级绿色矿山基本条件》从技术创新、节能减排、环境保护、土地复垦等九个方面对绿色矿山的基本条件进行了规定，对矿山的废水利用率、科技创新投入以及矿山恢复治理保证金等方面作出了详细的规定。2011年7月18日，中国地质科学院、中国地质大学、中国矿业联合会联合发布了《国家级绿色矿山建设规划技术要点和编写提纲》。《提纲》对我国今年来绿色矿山建设的经验进行了总结，同时根据国家级绿色矿山建设的九条标准提出了绿色矿山建设的近期的目标规划、指标体系以及中期和长期目标，对未来绿色矿山建设与考核具有十分重要的引导作用。文献中常用的绿色矿山建设指标总结见表1-2。

表 1-2 绿色矿山建设指标体系

矿山资源高效开发与综合合理利用	矿产资源开采回采率	共伴生，难选冶矿产综合利用率
	选矿回收率	矿山废水重复利用率
	固体废弃物综合利用率	单位 GDP 能耗
	科技创新投入占企业经济收益比例	后续接替资源潜力
	吨耗资源经济收益	生产工艺设备升级改造情况
矿山生态保护与环境恢复治理	矿山环境恢复治理率	矿山土地复垦面积
	矿山废弃物排放量	矿山环境保护与治理资金投入占经济收益比例
	矿山地质灾害预防与监测技术应用	
矿山企业文化建设与社区和谐	安全生产培训次数	百万工时事故率
	企地共建项目数量	社区发展投入占企业收益比例
	绿色矿山发展的制度建设	

王明旭等（2013）运用新型木桶理论从煤炭生态产业、人文矿山、科技矿山、法制矿山和创新矿山五个部分建立我国绿色矿山建设的数学模型，对我国绿色矿山建设水平进行了定量分析和评价。刘建兴（2014）通过对绿色矿山内涵的概括和提炼，对绿色矿山的系统构成进行了研究，提出了绿色矿山系统的五个层面和八个要素，对煤炭企业绿色矿山建设以及政府政策的前瞻性都具有一定的指导作用。刘峰（2011）从技术、管理、经济三个层面构建了煤炭行业低碳煤炭生态产业评价模型，对煤炭行业低碳煤炭生态产业建设提供理论指导。宋海彬（2013）从煤炭企业财务、内部流程、竞争能力、创新能力四个方面构建了煤炭企业绿色矿山绩效评价体系（见表1-3），给出了煤炭企业持续发展的具体可量化的指标。

表 1-3 绿色矿山绩效评价体系

财务指标	内部流程	竞争能力	创新能力
年煤产量占全球煤产量的百分率	资产周转率	用户回头业务率	研发人员数量、研发资金投入额及增长率
原煤产品营业收入增长率	返修材料设备	单位煤炭附加值增长率	高新技术占环境友好型技术比重
净资产收益率、应收账款周转率	生产效率	政策环境	员工流动率、抱怨数量
吨煤盈利比率	百万吨死亡率	"三废"排放量	更新改造投资占生产总值比重

财务指标	内部流程	竞争能力	创新能力
现金流充足率、利息保证倍数	劳动生产率（元/人年）	主要污染物排放总量消减率	员工培训费用比率
煤炭洗选加工营业收入增长率和煤化工产品收入增长率	工时及次数	土地复垦率	通过 ISO 14000 认证的矿产品比率
年煤产量占全国煤产量的百分率	存货周转率	生态环境修复率	职工调查次数

目前国内对绿色矿山建设投入的研究主要有两个方向。第一，根据对绿色矿山内涵的理解和我国绿色矿山建设的实践经验，构建煤炭绿色矿山建设评价指标体系，主要从盈利能力、生态投入、科技投入、安全投入等方面进行定性的研究和分析，为我国绿色矿山建设目标和方向提供理论上的指导。第二，由于现阶段企业的对外披露的信息主要局限于企业的财务状况和经营成果，而对企业生态环境恢复、保护、治理相关的投入披露的信息有限，仅仅有部分优秀的煤炭企业通过企业社会责任报告的形式对外公布相关环境保护方面的信息，数据的口径也不一致。因此，仅有少量学者通过数据包络分析（DEA）根据现有的数据对煤炭企业绿色矿山建设效率进行了实证分析和研究。

根据前面本书对绿色矿山内涵的定义，本书认为绿色矿山建设投入主要包括四个方面：生态投入、安全投入、科技投入和高效投入。

1.2.3　环境成本研究述评

1.2.3.1　环境成本含义及构成

美国环境保护署（1995）发表研究认为企业环境成本应该分为传统成本、偶发成本、形象关联成本、潜在的隐藏成本四大类。凡是和环保有关系的成本，连同或有支出都纳入到了其内容里。

1998 年召开的联合国国际会计和报告标准政府间专家工作组第 15 次会议中，对环境成本的概念进行了定义。环境成本是指：本着对环境负责的原则，为管理企业活动对环境造成的影响而采取或被要求采取的措施的成本，以及因企业执行环境目标和要求所付出的其他成本。

德国专家学者采用流转平衡的原理，认为按照环境成本的流转过程不同，可以分为残余物发生成本、事前的环境保全成本、事后的环境保全成本、不含环境费用的产品成本四大类。

中南财经政法大学郭道扬教授给出的绿色成本的定义是：以维护生态环境为目标，充分考虑在产品生产前后对生态环境所产生的影响，按照所测定的人力资源、自然资源消耗标准，对产品投入进行计量与控制，并列计所必需的资源消耗与环境治理补偿性费用，使其成为必要补偿组合而成的产品价值载体。

中国矿业大学朱学义教授指出，环境成本应包括四个方面：

一是资源消耗成本。企事业单位在生产经营活动中对自然资源的耗用或使用的成本。

二是环境支出成本。核算环境预防费用、环境治理费用、环境补偿费用（指给受害者的补偿）和环境发展费用等。

三是环境破坏成本。核算由于三废排放、重大事故、资源消耗失控等造成的环境污染与破坏的损失。

四是环境机会成本。核算资源闲置成本（包括闲置自然资源的补偿价值、保护费用、科研费用及有关损失等）、资源滥用成本（指滥用自然资源而造成的损失）等。

徐玖平和蒋洪强（2007）按照企业环境成本发生的原因，考虑到企业生产时资源的进入以及产品产出时污染物的排放，将企业的环境成本分为资源耗减成本、环境降级成本、资源维护成本以及环境保护成本四类。

颉茂华（2013）在其研究中指出当前的煤炭企业环境成本分类方式已经无法体现企业的真实发展，他将煤炭企业的环境成本划分为：自然资源耗减成本、环境预防成本、环境维护成本、环境改善成本、环境损失成本以及其他必要性的成本支出等。

关于环境成本的含义及构成，目前国内外学者对其没有一个统一的界定。原因一方面是由于环境成本测量的复杂性，涉及环境成本的技术测量、理论界定等，另一方面它又是一个过程性概念，环境损失既包括直接损失也包括间接损失，这些损失的测量是一个长期性过程。

1.2.3.2 环境成本计量和核算

在研究环境成本计量与核算方面，国内外学者提出外部环境成本应该进行内部化处理，并提出相应的核算方法。

Bcams（1971）和 Marlin（1973）认为需要将由于企业环境行为而造成的外部成本在企业内部进行解决。

ChansikPark 等（2003）认为企业难以获取正确的历史环境成本，强调外部环境成本对企业的严重影响，要求企业对其加以重视，同时也研究了环境成本的计量。

宋子义等（2009）通过研究整个产品生命周期，提出了企业应该在内部构建环境成本核算体系。

林万祥（2011）认为应主要以货币为计量单位对环境成本进行计量，同时其他计量单位要起到辅助作用。采用历史成本法进行环境成本计量，同时考虑企业自身的实际情况，选用其他非历史成本计量方法。林万祥深入研究了环境成本的会计计量，提出企业应预先提取未来可能支出的准备成本，并且在基于合理的判读，可使用非历史成本对环境成本进行计量，环境成本的计量应当以货币计量为主，以实物、技术计量单位为辅。

李玲（2004）提出应该向企业收取废气、废水等有害物质的排污费、固体废弃物的环保费，结合企业实际，对发生的成本给出核算方法及相应的账务处理方法。

程隆云（2005）认为，企业应该根据成本动因、成本责任主体、成本发生地来确定环境成本的核算对象和内容，他认为环境成本核算方法应包括环境资源成本核算方法和治理污染物成本核算方法两种。

1.2.3.3　环境成本控制

在环境成本控制上，Maddison 等（2000）研究指出数据管理系统的开发和使用能够运用到企业环境成本控制中去。Burnett 等（2007）在研究如何从改善企业性能角度引入环境成本控制时，认为 ABC 法和生命周期法可以运用到企业环境成本控制决策和管理过程中去。20 世纪 90 年代，由于环境污染问题的日益严重，美国率先将环境成本进行规范化处理立法；加拿大特许会计师协会有关《环境绩效报告》一文为其企业进行环境绩效评估和环境成本控制提供了指导；荷兰统计局则直接规定了环境成本的内涵以及计量方法等内容。Kosugi（2009）指出应该综合利用最优增长模型与环境成本综合评估模型，对环境成本定量化，使得外部环境成本可以内部化，促使企业解决环境问题。

我国对于环境成本控制的研究开始于 20 世纪 80 年代，近十几年来，我国的专家和学者逐渐展开了对环境成本控制的全方位研究。徐玖平等（2006）在其著作中针对制造型企业环境成本控制的问题以及现存的环境成本控制方法的不足，提出了基于产品生命周期设计、ERP 系统设计以及供应链管理的环境成本控制方法。仲媛媛等（2007）认为企业在进行环境成本控制时可以通过生产过程中的生态设计和清洁生产技术来简化环境成本控制。李虹等（2009）从循环经济的角度探索了企业的环境成本控制问题。邢岚紫等（2009）主要从生态平衡的角度研究了环境成本控制问题，并且验证了将生态理念用于企业环境成本控制的必要性和可行性。

国外学者对环境成本控制的研究比较广泛和详细，对环境成本核算体系以及环境成本核算制度都进行了详细的研究，对环境成本控制的方法也有比较成熟的定论。然而国外对环境成本如何计量以及控制方法的研究大多也还停留在比较宽泛的程度上，具体的环境成本分类以及不同的行业环境成本控制的研究还需要更深入的研究。国内学者较为关注的是环境成本的理论分析，并且大多数的研究都是以环境成本的核算为核心，对环境成本计量方式和控制策略的研究较少且不具参考性。近年来，企业的环境成本控制已经扩展到了整个企业发展的全过程，以往的环境成本控制策略越来越满足不了企业的需求。

1.2.4 绿色矿山激励机制研究述评

国内许多专家学者从不同角度对企业绿色投资激励约束机制进行了理论研究。陈晓红等（2014）基于我国铝业进行低碳生产的生产经营数据，从政府驱动力、行业驱动力、社会驱动力以及企业内部驱动力等方面构建了我国工业企业实行低碳生产的驱动力模型，进行了实证研究。研究发现，政府驱动力、市场驱动力以及行业驱动力对工业企业进行低碳生产具有显著作用。崔秀梅（2013）从价值创造的视角对企业进行绿色投资的驱动机制以及实施路径进行了研究。研究认为，在市场因素、道德因素和制度因素的驱动下被动地进行绿色投资后，如果企业通过市场定位、声誉提高等方面获得损害减少，福利提高以及生态效率等环境效益和经济效益后，就会反过来促进企业积极地进行绿色投资，来获得更多的环境效益和经济效益。张爱美等（2013）认为建立和健全企业节能减排的激励约束机制是做好企业节能减排的首要工作任务，通过建立企业节能减排的激励模型和约束模型为不同区域政府之间的合作博弈提供了一种思路和方法。刘卫国等（2010）基于多任务委托代理理论从经济效益、社会效益、环境效益三个方面对企业发展低碳经济的激励机制进行了研究。徐莉等（2010）运用多任务委托代理模型从节能减排和提高经济效益两方面对政府引导企业发展低碳经济的激励机制进行了研究。曹庆仁等（2011）对煤炭安全管理的激励模式进行了研究。郭军华（2009）从经济效益产出和生态环境效益产出两个方面对政府引导企业发展循环经济的激励机制进行了研究。曹东等（2012）在对国外发展绿色经济的研究成果进行总结的基础上，结合中国发展绿色经济过程中的经验教训，认为发展绿色经济必须改变中国当前以 GDP 为主要评判标准的政府绩效考核标准。同时，充分发挥和利用法律法规、财政政策、技术创新等手段发展绿色经济。周朝民等（2010）将企业的投资分为治理污染的投资和生产性的投资，建立了以企业价值最大化为目标函数的数学模型，并应用最优控制理论的方法，对企业的最优投资比例和最优投资金额进行了研究，结论表明企业对治理污染的投资和生产性的投资的最优投入比例相等，这表明企业在进行投资决策时，对两类投资的投入也应该相等。郭本海等（2013）在已有研究的基础上，建立了基于委托代理理论的政府-企业间的节能减排的委托代理机制。研究表明，富有效率的委托-代理模型能够使企业和政府在节能减排的问题上利益趋于一致。在一定的条件下，若政府改变对企业的激励策略能够提高企业在节能减排方面的积极性，最终能够达到帕累托最优的状态，使企业和政府都能够从节能减排中获益。

绿色矿山的建设离不开政府的支持和引导。政府在引导企业进行绿色矿山建设的实践仍处于探索阶段，缺乏完善的激励制度。而各级政府如何运用激励手段促进煤炭企业建设绿色矿山，是提高绿色矿山建设投入效率的关键所在。目前，多任务委托代理的研究视角已被应用到环境保护的相关研究中。但是，现有的文献主要是两任务的委托代理模型的应用，三任务的委托代理模型在环境保护、安全生产、生态补偿方面的应用还很少。现有理论研究中尚未有从多任务委托代理的角度对煤矿绿色矿山建设激励机制进行系统研究。

1.2.5　生态环境补偿的研究述评

美国、巴西、澳大利亚、西班牙、加拿大等国建立和形成了完善的土地复垦制度，土地复垦率达到了一半以上。如美国已颁布实施的《露天采矿与复垦法》，巴西和西班牙推行的"复垦计划"等，加拿大的"闭坑计划"等。这些复垦法和复垦计划明确规定了各部门在土地复垦中需要承担职责和应尽的义务，以及废弃矿山和新建矿山的不同修复方法和补偿标准等。

Tom Tietenberg（2001）深入探究了环境价值的评价方法、环境经济政策的类型及其在实际中的应用。A Myrick Freeman（1993）指出了环境和资源价值评估的各种理论和方法，提出环境资源也是一种资产，因此在研究环境和资源价值评估方面首次系统地应用新古典经济学的有关理论。新古典经济学等理论是环境和资源的价值评估的理论基础。

国内相关学者结合煤炭资源的特性和矿产资源的开发利用特征，分别从不同的视角界定和研究矿产资源的生态补偿机制。黄锡生（2006）指出生态补偿是在矿产资源开发过程中，污染、破坏矿区或矿区城市的自然生态环境使得矿区或矿区城市的环境生态功能下降，为治理、恢复、校正所发生的资金支出，为弥补矿区或矿区城市的可持续发展能力下降而进行的资金扶持、税收减免、技术帮助、实物帮助、其他优惠政策等有利于矿区持续发展的活动总称。曹明德（2007）指出国家作为资源所有者，按照一定的标准，对矿产资源的探矿权人和采矿权人征收矿产资源补偿费作为矿产资源生态补偿，有利于实现国家的权益，有利于对在矿产资源开发过程中，利益受到损失的人员进行补偿。张复明等（2008）指出为了实现矿区的可持续发展，实现节约使用矿产资源，实现保护和改善生态环境，设计相关的补偿制度规范矿产资源的开发行为，对在矿产资源开发过程中受损或可能受损的利益主体进行补偿，补偿包括防范性补偿、即时性补偿、修复性补偿。毛显强（2002）指出生态补偿是对破坏环境资源和价值的行为进行收费，提高环境破坏行为的成本，从而使环境破坏行为人减少其因资源开发造成的外部不经济行为。对保护环境资源和价值的行为进行政策支持，提高环境保护行为的收益，从而使环境保护者更有动力增加其外部经济性活动。李文华（2010）指出，广义的生态补偿包括两方面，一方面是因开发活动造成生态环境的破坏行为主体应向因生态环境破坏的受害者进行补偿，另一方面是因保护和改善生态环境的成本利益受损者向生态环境受益者要求的损失补偿。他认为，人是生态环境系统的重要组成部分，在考虑生态补偿时，必须把人的因素考虑进去。

许多学者主张建立煤炭矿区生态补偿机制来促进煤炭企业的可持续发展，通过环境治理保证金和保证金制度的建立和完善，使煤炭企业对在资源开发过程中破坏的生态环境加以补偿。胡振琪（1996）和白中科（2006）等指出按照补偿性质的不同，煤炭资源开发生态补偿包括对老矿区的生态环境补偿与对新建矿区和改矿矿区的生态环境补偿。由于老矿区造成的生态环境破坏的责任主体难以确定，因此，应主要采用国家财政转移支付的方式进行补偿。对于新建矿区和改矿矿区，责任主体明确，必须坚持按照由造成生态环境破坏的煤炭企业和资源开发的受益者进行生态补偿。生态环境补偿的重要组成部分是确定补偿额度，张德明等（2004）认为生态环境补偿额度需要以生态破坏造成的损失量为标准进行确定。葛伟亚等（2008）提出根据生态环境建设或生态环境恢复的效益量，确定生态补偿的额度。张文霞等（2008）提出以生态损害因子为衡量变量对生态补偿额度进行计算。辛琨等（1998）提出生态补偿额度的确定以土地修复治理保证金为标准进行确定。王金南等（2003）提出生态补偿额度的确定应依据生态服务价值。

1.3 煤矿绿色生态投入与产业建设现状及存在的主要问题

1.3.1 煤矿绿色生态投入的现状

要促进煤炭生态产业建设的快速发展，不仅关系到理念、人才、信息和管理模式等多个方面的转变，更涉及资金保障的问题，从经济的角度刺激煤炭生态产业建设的发展。任何项目的运行都不能缺乏资金的保障，同样，煤炭生态产业建设如果没有充足的资金来源支持，也势必无法继续运行。

目前对于煤炭生态产业建设的国家扶持政策、专项资金、社会资金以及金融机构信贷支持还不完善。目前煤炭市场的不景气，煤炭企业基于成本收益的考虑进一步加大投资力度，积极落实自筹资金的积极性和能力不足。这在一定程度上影响了我国煤炭行业煤炭生态产业建设。

2006年，财政部联合国土资源部与国家环保总局共同出台了《关于逐步建立矿山环境治理和生态恢复责任机制的指导意见》，该指导意见规定，从2006年起，所有煤炭企业都要以月为单位预先提取矿山环境治理与恢复保证金，并将其计入煤炭企业的产品成本之中。该指导意见针对煤炭矿山的环境治理与恢复保证金的提取金额也制定了详细规定，同时规定煤炭企业要不断建立与完善煤炭矿区生态环境治理与生态环境恢复责任机制，以"企业所有、政府监管、专款专用"为原则设立煤炭矿山环境治理与恢复保证金账户，还应按照国家规定的原则使用存入的保证金。2009 年 9 月，环境保护部李干杰副部长指出，要以"谁污染，谁治理，谁破坏，谁恢复"的原则为依据，落实煤矿资源开采企业的生态环境恢复与治理的责任。

依据上述生态治理与恢复的规定，各省结合自身情况，分别制定本省的落实规定。2007 年，山西省发布《山西省煤炭工业可持续发展政策措施试点工作总体实施方案》，该方案明确规定需逐步建立煤炭环境治理与恢复保证金制度，对煤炭企业征收煤炭矿山可持续发展基金，同时，规定煤炭企业以生产产量为依据，按 10 元/t 煤为标准以月为单位分年计提煤炭生态环境治理与恢复保证金。陕西省发布了《陕西省矿山地质环境治理恢复保证金管理办法》，该办法指出，保证金存储数额的核定是诸多因素共同决定的结果，并结合诸多影响因素规定了煤炭生态环境治理与恢复保证金存储的计算公式：年存储额=存储标准×开采影响系数×矿山设计开采规模。

目前，煤炭企业已按照国家与相关省份的要求，提取了煤炭环境恢复与治理保证金，煤炭生态环境恢复与治理保证金制度建设已经取得一定的进展。但是，在提取的金额与保证金的使用上，仍然存在诸多问题。一是由于煤炭市场低迷，煤炭企业减少了环境治理保证金提取数额。近两年来，国内经济低迷导致煤炭需求增长趋缓、煤炭价格严重下滑，煤炭企业的利润大幅减少，致使煤炭企业更加缺乏绿色生态投入的动力。例如，2013 年 7 月 29 日，阳泉煤业发出公告称，由于经济形势发生变化，从 2013 年 8 月 1 日至 2013 年 12 月 31 日，该企业将暂停提取煤炭生态环境恢复治理保证金，暂停提取转产发展资金。山西省某煤炭公司 2011 年吨煤提取可持续发展金 35.69 元，2012 年降为 26.18 元，2013 年 1 月至 10 月减为 18 元，2011 年与 2012 年每吨煤提取环境治理金 10 元，而 2013 年 1 月至 10 月降为 7 元。二是已提取的环境治理保证金使用率不高，尚未充分发挥其治理环境和生态保护的作用。根据实地调查发现，已提取的环境治理保证金主要用于企业自身的生产生活设施改造，用于生产项目的居多，用于生态恢复、环境绿化的较少，仅有部分资金用于部分废水、废气、废渣的治理，并且尚未经过环保部门规划及审核批准擅自使用。

通过上述煤矿绿色生态投入分析现状可以看出，煤炭企业绿色生态投入存在如下问题：首先，经济形势对生态环境治理保证金的提取具有明显影响。在经济形势较好的情况下，煤炭企业大都能按照规定提取环境治理保证金，在经济形势出现下滑时，煤炭企业为维持利润，会选择降低环境治理与恢复保证金的提取金额。其次，煤炭企业大多将资金用于改进生产设施，并未完全用于改善生态环境。最后，煤炭企业缺乏绿色生态投入的理念，大多数煤炭企业仅按照国家规定提取，尚未树立绿色生态的理念，主动进行绿色生态投入。

1.3.2 煤矿绿色矿山建设信息披露现状

绿色矿山建设是我国进行生态文明建设十分重要的一环。在全国上下各个行业都在大力推进生态文明建设、发展绿色经济的大背景下，煤炭行业也积极响应国家政策号召，积极推动煤矿矿山的生态文明建设，努力探索煤矿绿色矿山建设的方式方法，将煤炭企业的高消耗、高污染、粗放、不可持续的发展方式向低碳、集约、可持续转变。但是，煤炭在对绿色矿山建设探索的过程中，存在投入冗余的现象，大量的投入并没有取得预期的效果。

另外，由于现行会计制度仅仅是对企业的经营过程中的经济活动进行记录和管理，企业对外披露的信息仅限于企业的财务状况和经营成果相关信息，缺乏对生态环境方面相关信息的披露。近年来，在政府部门的号召下，一些优秀煤炭企业虽然已经开始通过企业社会责任报告的方式每年对外披露企业在生态环保、节能减排、水土保持以及环保技术研发、循环经济领域的相关成果。根据中国煤炭工业协会的公告，2013 年全国共有 22 家煤炭企业获得了社会责任报告发布的优秀企业，如表 1-4 所示（排名不分先后）。

表 1-4 2013 年度全国煤炭工业社会责任报告发布优秀企业名单

神华集团有限责任公司	山西晋能有限责任公司
中国中煤能源集团有限公司	贵州盘江投资控股（集团）有限公司
大同煤矿集团有限责任公司	山西兰花煤炭实业集团有限公司
开滦（集团）有限责任公司	开滦（集团）蔚州矿业有限公司
山东能源集团有限公司	神华神东煤炭集团有限责任公司
山西焦煤集团有限责任公司	神华宁夏煤业集团有限责任公司
山西潞安矿业（集团）有限责任公司	朔黄铁路发展有限责任公司
北京京煤集团有限责任公司	神华准格尔能源有限责任公司
淮北矿业（集团）有限责任公司	神华宝日希勒能源有限公司
内蒙古伊泰集团有限公司	国华能源投资有限公司
陕西煤业化工集团有限责任公司	山东能源机械集团有限公司

据统计，截止到 2013 年底，我国共有煤炭企业 7975 家，社会责任报告发布优秀企业仅仅占 0.28%。如图 1-4 所示。

由于企业所处生产经营环境各不相同，不同矿区的自然条件和生态环境也不一致，以及企业的经济条件和当地政府的环境政策也不尽相同。因此，种种因素导致煤炭企业对绿色矿山建设的内涵和建设方式都有所差别，对外披露的信息口径不统一，披露的内容也仅仅局限于本企业在绿色矿山建设过程中取得的业绩，向外披露的信息不够充分，定量数据较少，且披露的信息往往带有很强的主观性，企业大都选择自身比较好的方面进行披露，对于绿色矿山建设过程中的问题很少提及。所以，也导致煤炭企业绿色矿山的建设投入效率缺乏全局性的评价依

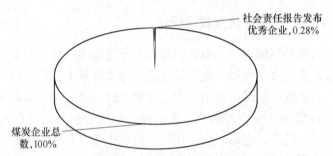

社会责任报告发布
优秀企业,0.28%

煤炭企业总
数,100%

图1-4 2013年度全国煤炭工业社会责任报告发布优秀企业所占比例

据和方法，政府对煤矿绿色矿山的建设也缺少完善的激励措施。

1.3.3 煤矿绿色生态投入与产业建设存在的主要问题

现阶段，我国煤矿绿色生态投入与产业建设主要存在以下五个方面的问题：

第一，我国煤矿矿区生态环境损害严重。随着煤炭资源大量地开发和利用，一系列环境问题越发突出，主要表现在：煤炭资源在开采、洗选、储藏、运输、燃烧过程中产生了大量粉尘污染大气、水体和地表；由于采空导致的矿区周围的土地发生沉陷和由于开采而被破坏的大片森林对地表生态造成破坏性的影响；伴随着煤炭开采从矿井中排放出的甲烷，严重污染了大气，同时给矿山周围人民群众的身体健康造成了巨大的威胁；煤矸石和粉煤灰的乱堆乱放和自燃现象，成为矿区周围生态环境被破坏的重要原因；矿井水缺乏有效利用一方面导致了水资源的大量浪费，另一方面也对地表水、地下水和土壤等造成了巨大的污染破坏。

第二，我国煤矿安全问题严重。近年来，由于多种影响因素叠加，我国煤矿矿山安全事故频发，使得矿业成为"生命攸关"的行业。尽管我国多部门不断加强监管，煤炭企业也通过更新生产设备，规范安全作业制度，加强生产工人的安全培训等方式使得安全生产状况有所好转。但是煤矿生产导致的伤亡人数仍然居高不下，尤其在煤矿生产方面，与欧美一些国家相比有很大的不足。矿难造成的消极影响远远超过事故的本身，每次矿山安全事故都会引起社会关注，不仅对企业形象造成危害，影响政府公信力，甚至会成为社会不稳定的影响因素。

第三，煤矿绿色矿山建设仍处于探索阶段，技术还不够成熟。建设煤炭生态产业，技术支撑是核心，技术创新要深入到各个产业、过程和环节。依据煤炭生态产业建设模式，要研究使矿山范围内的开采清洁化、生态化，资源利用高效化、低碳化，废弃物减量化、无害化、资源化的技术类型，包括煤炭开采及循环利用全过程中可能应用的低碳技术、节能技术、生态无害化技术、资源回收技术、资源循环利用技术和清洁生产技术。实现煤炭矿山生态的技术众多，煤炭行业经过"九五""十五""十一五"期间资源综合利用的不断实践及各个煤炭企业大量的研究和实践，在煤矸石、煤泥、矿井水等废物利用方面积累了丰富的经验，各种新技术也日趋成熟，如充填采煤技术、矿井地热利用技术、保护水资源开采技术、瓦斯抽采利用技术等等，这些新技术对建设煤炭生态产业提供了重要的支撑，形成了煤炭行业煤炭生态产业建设的技术支撑体系。

但是煤炭生态产业建设是一项复杂的系统工程，需要不断研发许多低碳技术、节能技术、生态无害化技术、资源回收技术、资源循环利用技术和清洁生产技术，目前这些技术还不够成熟、应用范围有限，很大程度上影响了我国煤炭行业煤炭生态产业建设。

第四，目前我国煤矿绿色矿山的建设投入激励机制缺失。随着矿区生态环境和生存环境的逐渐恶化，政府不仅需要企业承担经济发展的责任，而且需要企业肩负起更多的社会义务。煤矿的建设不仅仅要考虑如何提高经济效益，还需要兼顾如何加强安全和改善矿区生态环境质量。然而，在现行制度下，由于绿色矿山建设激励机制的不完善，煤矿企业没有动力进行绿色矿山建设投入，对改善矿区生态环境的积极性并不高。

第五，目前我国煤矿对绿色矿山建设投入的资源利用效率不够高。煤矿绿色矿山建设仍处于探索阶段，绿色生态投入偏低，而且在绿色矿山建设过程中也难免出现资源利用程度不高、投入冗余、无法实现预期目标等问题。

1.3.4 煤炭企业环境成本核算的现状及存在问题

长期以来，受经济环境及其经济压力的影响，煤炭企业更多看重的是进行开采所能给企业带来的经济效益，缺乏对环境因素的考虑，因此企业由于开采而造成的环境污染及其环境治理等与环境有关的成本信息也没有太多披露。近年来，我国一些煤炭上市公司开始重视环境成本，加强了对环境成本的核算和披露，但是，通过查看一些煤炭上市企业的财务报告，发现目前大部分企业都没有对所支出的环境成本进行统一归纳，也没有对支付环境成本所产生的环境和社会经济效益进行披露。这些企业有关环境成本的核算和控制，由于没有从环境成本产生的根源方面进行研究，也就是说并不是以生态补偿为目的，因此导致我国煤炭企业在环境成本核算方面仍存在很多问题。

（1）没有对环境成本进行单独核算。目前大多数煤炭企业在对所发生的与环境相关方面的费用进行整理时，还没有专门设立一个科目进行记录。并且在对排污费、环境恢复保证金、矿产资源补偿费、绿化费、河道管理费等一系列环境成本进行归类时带有很大的随意性，有的被归为管理费用，有的则被归为产品成本，有的并没有体现出来，而是隐藏在其他费用或损失项目中。

（2）环境成本核算内容不统一。目前我国煤炭企业不能获得与环境成本相关的相对完整的会计及其成本信息，而且由于缺乏相关的制度规定及参考，煤炭企业在对环境成本核算时并没有把它与企业其他生产成本及费用分开作为独立的成本费用进行处理，即使处理也缺乏合理的确认原则和计量方法，导致很多煤炭企业对环境成本及其费用的处理有很大的随意性，如村庄搬迁费用、环境监测费、排污费用、环境影响赔偿费用、污染现场的清理费、地下充填费等，有的计入管理费用，有的计入产品成本，还有的计入其他费用或损失中。这样既不能揭示企业由于存在环境风险而形成的环境负债和环境成本，也无法建立完整的环境成本核算体系。

（3）环境成本补偿不足。在煤炭企业中，同时存在着内部环境成本和外部环境成本。在环境成本的核算中，企业向相关机构缴纳了部分内部环境成本，比如排污费、绿化费、河道管理费等。同时在其生产过程中，也支出了一部分的外部环境成本，如环境恢复治理费用、村庄搬迁费等。但是排污费等是按照相关机构制定的标准缴纳的，这种标准往往都比较低，对环境污染所造成的损失不足以弥补。同时，煤炭企业应承担的生态补偿成本没有完全展现出来，如因煤矿开采造成矿区居民的房屋裂缝、倒塌等受损补偿未全部纳入到成本核算体系中，因此造成这部分环境成本得不到补偿。

1.4 研究思路和技术路线

本书以规范研究为主，采用定性分析和定量模型相结合的方法。首先，在文献研究和实地调研基础上，考虑历史、现在、未来三个维度，从不同层面界定煤矿绿色生态投入的含义，辨析煤矿绿色生态投入与环境成本的关系，研究煤矿绿色生态投入的意义、目标等基础理论，以基于多维资源观的资源回收率为媒介建立绿色生态投入与环境成本的关系模型，讨论绿色生态投入与环境成本的关系。其次，从实证角度，选取我国9家煤炭上市公司的相关数据，运用数据包络分析（DEA），建立煤矿绿色矿山建设投入效率评价模型，从安全投入、高效投入、绿色投入三个方面对我国煤矿绿色矿山建设投入效率进行实证研究。接着，结合实证研究的结论，从经济机理和制度分析两个方面分析绿色生态投入不足的深层次原因。经济机理方面，建立煤矿企业绿色生态投入的社会和企业净收益曲线、长期和短期成本收益曲线，基于MFCA对煤炭加工企业可识别和不可识别环境成本进行核算和分析，通过存在正外部性和负外部性的煤矿绿色生态投入决策模型，分析环境成本外部性对绿色生态投入的影响，揭示煤矿企业绿色生态投入的经济机理。制度分析方面，在梳理煤炭行业环境制度现状和煤矿企业绿色生态投入动力缺失制度因素的基础上，运用制度经济学进行煤矿企业绿色生态投入的制度驱动分析。在此基础上进一步分析制度缺位对煤矿企业决策的影响，并建立制度缺位条件下企业绿色生态投资的成本收益函数模型，分析补偿制度、监察制度和实施机制存在缺陷的情况下煤矿决策行为，揭示煤矿绿色生态投入动力不足的深层次的制度因素。

　　然后，在理清煤炭生态产业建设模式及煤炭生态产业系统耦合关系的基础上，建立煤炭生态产业系统演化机制的 logistic 模型，通过求解系统的平衡点，对不稳定平衡点和稳定平衡点及其参数的分析，找出影响系统演进的关键因素。再建立煤炭生态产业系统演化影响因素的灰色关联模型，以中国神华和冀中能源为例，对其生态产业系统演化趋势及演化影响因素运用灰色关联模型进行分析，揭示节能减排投入、科技创新投入、人员比重、净资产收益率对演化的影响程度，从产业角度为煤矿绿色生态投入机制与路径选择提供决策支持。再运用信息经济学对煤矿企业绿色生态投入激励约束机制进行研究，建立煤矿安全、高效与绿色多任务委托代理模型，分析煤矿绿色生态投入的激励机理，建立煤矿生态投入的政府规制博弈模型，通过求解政府与企业动态博弈混合策略的纳什均衡，揭示煤矿自愿进行绿色生态投入的条件，为煤矿绿色生态投入综合动力机制的建立提供理论基础。最后，根据模型结论研究煤矿企业绿色生态投入动力的机制与路径选择，提出政策建议。本书的总体技术路线如图 1-5 所示。

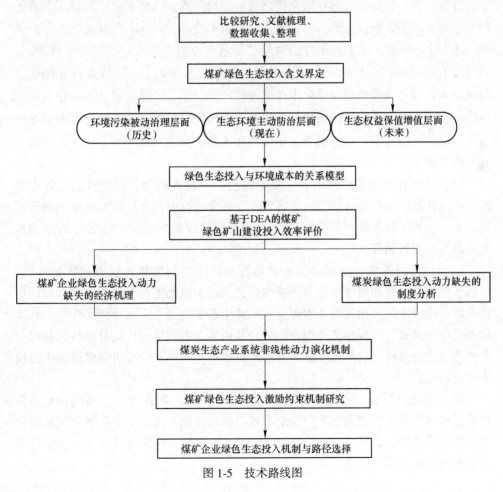

图 1-5　技术路线图

1.5 研究方法

本书以规范研究和实证研究相结合的方法，对我国煤矿绿色生态投入动力分析和机制设计展开研究。研究过程中主要应用了以下研究方法：

（1）抽象分析与具体分析相结合。本书对煤矿绿色生态投入动力的理论体系进行了高度的抽象，集中力量把握其本质及结构，从理论高度进行总结，从经济机理、制度驱动、产业演化等角度进行抽象分析，同时结合某些制度、某几个煤炭企业集团生态产业演化的具体情况，对之前提出的理论模型进行检验和分析，验证其有效性，实现抽象分析与具体分析相结合。

（2）定性分析与定量分析相结合。定性分析侧重于经验推断和逻辑演绎。煤矿绿色生态投入动力理论体系的构建理论性强，没有充分的理论分析不能说明发展规律和本质问题。本书一方面从经济机理、制度驱动、产业演化等角度进行定性分析；另一方面通过建立数学模型进行定量分析。选择9家中国煤炭上市公司为样本，运用数据包络分析（DEA），建立煤矿绿色矿山建设投入效率评价模型，从安全、高效、生态三个方面对煤矿绿色矿山建设投入效率进行实证研究。在借鉴 Holmstrom 和 Milgrom 多任务委托代理模型的基础上，以煤炭行业绿色矿山建设为背景，并考虑我国煤矿生产建设的特点，建立了煤炭绿色矿山建设激励模型，求出了对不同任务的最优激励强度，探讨政府如何设计激励制度来引导企业进行绿色矿山建设，以及煤炭企业如何在生态、安全、高效三个目标上寻找最有利的平衡点。

（3）理论性与实践性相融合。煤矿绿色生态投入动力分析及机制设计本身是一项兼具理论性与实践性的研究课题。在研究过程中，必然需要在理论指导基础之上，立足于较强的可操作实践性的角度构建煤矿绿色矿山建设投入激励机制、综合动力机制等。

（4）比较分析法。比较分析法就是按照特定的标准将客观事物加以比较，以认识事物的本质和规律并作出正确的评价。煤矿绿色生态投入动力基本理论体系的形成源自于几种相关的基本理论：工业生态学理论，生态经济学理论，环境成本、生态投资、循环经济等理论的融合及衍生。本书通过比较分析法，对以上各种理论进行分析，找出相互之间的不同侧重点，最终总结得出煤矿绿色生态投入动力理论。

（5）系统分析法。系统分析法是指把要解决的问题作为一个系统，对系统要素进行综合分析，找出解决问题的可行方案的资讯方法。本书在研究煤矿绿色生态投入动力中，将经济机理、制度分析、产业演化、机制设计视为一个整体系统进行问题的分析与解决。

1.6 小结

首先明确了本书的研究背景和意义，然后对我国煤矿绿色矿山建设投入、环境成本、绿色矿山激励机制的研究成果进行了梳理、归纳和总结。随后，对煤矿绿色生态投入与产业建设的现状及问题进行了梳理、归纳和总结。最后，提出了本书的研究思路、技术路线和研究方法。

2 煤矿绿色生态投入的基础理论及方法

2.1 相关理论基础

煤矿绿色生态投入理论体系的形成是一个复杂的理论系统融合过程，因此有必要先介绍该理论体系的各种相关基本理论：生态环境价值论、外部性理论、公共物品理论、生态工业理论、循环经济理论、多任务委托代理、产权理论、可持续发展理论等。通过对以上基本理论的集成及发展，才可形成煤矿绿色生态投入的理论体系。

2.1.1 生态环境价值论

随着人类经济的不断发展，资源的开采与利用程度越来越深，但在资源开采与利用的过程中，忽视对生态环境的保护，造成严重的生态环境问题，生态环境已经成为制约我国经济发展的重要因素。生态环境是一种资产，与固定资产等生产要素一样，是生态环境系统提供的有价值的生态服务，而这种价值的载体就是生态资本。为了改善和保护生态环境，人们会加大生态投入来恢复和改善生态环境，为我国经济和社会的长远发展提供动力和支撑。实质上看，生态环境是自然资产与人造资产的结合，生态环境作为一种资源，通过极差地租或影子价格来反映资源的经济价值，从而实现生态环境资源资本化。

生态资本主要是由四个方面组成的，包括自然资源总量、环境消化废弃物及转化废弃物的能力、生态潜力、生态环境质量。自然资源总量包括可更新的自然资源和不可更新的自然资源，指的是在社会生产与社会化再生产中投入使用的自然资源。环境消化废弃物及转化废弃物的能力又称环境的自净能力。生态潜力是指自然资源和生态环境的质量变化与再生量变化。生态环境质量是指人类在生产和生活过程中所必需的生态环境要素质量，如水环境的质量等。生态环境系统的价值体现在各生态环境系统的组成要素对人类生存和人类社会发展的影响。随着经济的发展与社会的进步，人类在生产和生活中，对生态环境质量的要求水平大大提高，生态环境系统的重要性不断提升，生态资本在经济发展中的影响和作用也日益凸显。

2.1.2 外部性理论

外部性是指一个经济主体的活动对另一个经济主体自觉或不自觉产生影响，而未收取任何形式的报酬或者未给予任何形式的补偿。英国科学家庇谷认为，因企业经济活动对环境造成伤害所产生的经济负外部性应当由企业承担。美国著名经济学者科斯认为，在交易费用不为零的情况下，通过合理的制度安排能够使资源的配置达到最有效的状态。

外部性是指一种物品或某个个体的行动引起的社会成本或收益的变动，并且该成本或收益未在该物品或该个体活动的市场价值中得到体现。产生外部性的原因是私人收益和社会收益、私人成本和社会成本的不同造成的。其中，私人收益是指个体因实施某一项活动产生的个体私人净收益；社会收益是指个体或社会因实施某项活动，产生的所有个体和社会主体的净收益之和。根据其可能造成的两种不同的经济结果，可将其分为正负两种外部性活动。如果某种物品或某项行动产生的私人收益比社会收益大时，此时存在负的外部性，反之则是存在正的外部性。

生态环境资源的外部性主要表现在两个方面：第一，在人类对资源的开发过程中，由于生态环境遭到破坏，产生的外部成本。第二，人类为了保护和改善生态环境开展的某些活动产生的外部收益。由于这些成本或收益不能通过市场或价格机制反映出来，导致资源开发过程中的环境破坏问题不能得到相应的处罚。由于生态环境的公共物品属性，保护生态环境的行为所产生的生态效益无偿地被社会使用，使市场机制不能按帕累托效率有效配置资源。

2.1.3 公共物品理论

公共物品是指供应同等数量和质量的物品给涉及物品使用的所有消费者。公共物品具有两个重要特征：第一，公共物品具有非竞争性，即某个人或多个人的消费并不会减少或影响其他消费者的可用量；第二，具有非排他性，即该社会所有人都有权利消费该公共物品。按照公共物品定义及特征的不同，公共物品被分为两类，一是纯公共物品，二是准公共物品。纯公共物品是指具有完全的非竞争性和完全的非排他性，而准公共物品是指具有局部的非竞争性和局部非排他性。生态资源是一种典型的公共物品，任何消费者都有权使用生态资源，其所有权无法界定且无法分割，具有明显的非排他性，但是，生态资源具有竞争性，由于生态资源的提供者不是市场机制，而是大自然自发形成的，因此，具有竞争性。因此，消费者在无约束的情况下，无限制地消费生态资源，却不愿意付出代价，最终导致各市场主体为追求利润最大化，无节制、无规划地使用和破坏生态环境资源，造成严重的生态环境问题。

在公共物品使用的过程中，由于其特点，市场机制还容易造成搭便车的行为。由于公共物品是每个人必须消费同等数量的一种物品，因此，某个个体提供了某种公共物品，其他个体需要提供的公共物品数量就会相应地减少，并且其他个体可以免费享用付出贡献的个体作出的贡献以及独自消费自己的公共物品。因此，在自愿均衡的条件下，公共物品提供量与公共物品的有效率提供量相比一般要少得多。生态资源具有公共物品属性，因此，在环境保护方面容易造成搭便车问题，在未进行环境成本内部化的情况下，某些市场主体仅仅消耗生态资源，却不愿意保护环境，投入环境成本，造成生态资源公共物品供给严重不足。

在经济活动中，公共生态环境资源具有公共产品的属性，容易产生搭便车现象以及过度使用生态资源的问题，容易造成一般性的外部性问题，如对生态环境资源的无偿使用或使用成本较低，对造成的生态环境破坏不进行补偿或补偿金额较低，经济活动的成本被转嫁给社会他人。因此，煤矿企业为追求自身利益最大化，过度开采煤矿资源，不注重生态环境保护，并且缺乏绿色生态投入的动力，造成严重的生态环境问题。

2.1.4　工业生态学理论

工业生态理论是指在工业生产中以生态学的理念，通过改造企业的生产模式和生产技术，最大可能地减少物质和资源的消耗，实现污染物的零排放。工业生态理论弥补了原有的经济学理论与生态学理论相隔离的缺陷，改变了原有的对环境的先污染后治理的经济发展观念。工业生态理论提出通过减少输入和不断地循环利用，使经济活动的资源耗费以及对生态环境的影响和破坏降至最低。

工业生态学所研究的就是如何把开放系统变成循环的封闭系统，使废物转为新的资源并加入新一轮的系统运行的过程。工业生态学认为工业系统既是人类社会系统的一个子系统，也是自然生态系统的一个子系统，是人类社会与自然生态系统相互作用最为强烈的一个子系统，其与自然生态系统的关系处理得好坏是人类社会能否可持续发展的核心问题。工业生态学抓住这一核心问题，从不同的视角，以工业系统中的产品和服务为重点，采用定量的方法，分析、研究工业系统的全部运行过程对自然环境造成的影响，从而找出减少这些影响的方法。

工业生态学主要研究工业生产和消费活动中材料和能源的流通与转化及其对环境产生的影响，研究如何提高材料和能源的使用效率，循环使用工业废物，从而减少对环境的污染和危害。研究还涉及经济、政策、法规、社会和市场等因素对资源的流通、使用和回收再利用的作用与影响。工业生态学的具体研究内容有以下三个方面：

（1）零排放。建立一个循环使用全部被使用的物质而无废物排放的工业系统是工业生态学的理想目标。这样的工业系统是一个闭环系统，能够回收和循环使用生产中所产生的所有物质。如果把传统的生产比作人体的动脉，且称为动脉工业，那么废物回收系统则为静脉，且称为静脉工业。缺少静脉工业的回流，无疑阻碍着工业生态系统的循环。实际上，零排放几乎是不可能实现的，只能做到微量排放。

（2）替代材料。工业废物的减少可以通过使用新材料来代替原来使用的材料。新材料应当具有更长的使用寿命和更好的性能，在新材料的获得和处理过程中应当产生较少的废料。关于替代材料的研究已经进行了许多年。替代材料有许多实例，比如金属代替木材、铝代替钢、高碳钢代替普通钢等。

（3）非物质化。非物质化理论认为，随着技术的进步，工业活动的增多和经济的增长并不伴随着所需物质量的增加，资源消耗应当越来越少。通过各种创新技术，可从矿物中更有效地提取有用物质，改善材料的性能，促进废物再利用，减少材料的使用量，从而实现非物质化。

工业生态学具有以下基本特征：

（1）整体性。工业生态学从全局和整体的视角出发，研究工业系统组成部分及其与自然生态系统的相互关系和相互作用。

（2）全程性。工业生态学充分考虑产品、工艺或服务整个生命周期的环境影响，而不是只考虑局部或某个阶段的环境影响。

（3）长远发展。工业生态学着眼于人类与生态系统的长远利益，关注工业生产、产品使用和再循环利用等技术未来潜在的环境影响。

（4）科技进步。科技进步是工业系统进化的决定性因素之一，工业系统应从自然生态系统的进化规律中获得知识，逐步把现有的工业系统改造成为符合可持续发展要求的系统。

工业生态学是一门为可持续发展服务的学科，是一门研究工业系统和自然生态系统之间的相互作用、相互关系的学科。任何一种学科理论的研究都有其侧重点。首先，工业生态学研究的范围侧重于通过尽可能优化工业系统中物质的整个循环过程，减少对环境的污染与危害，然而却忽视了系统经济效益方面的提高。同时，工业生态学主要考虑在工业产品生产和消费过程中如何通过物料能量循环来减少对生态的危害，而并没有关注已经被破坏的环境的治理问题。此外，循环中的低碳问题也不是其考虑的重点。

2.1.5　循环经济理论

循环经济理论的理论基础是生态经济理论，循环经济理论认为经济的发展要融入相依托的生态环境当中去，在经济的发展过程中与经济规律和自然规律相适应。循环经济的特征是提高资源的使用效率，减少经济活动中污染物和废弃物的排出，从而使经济活动对生态环境的影响和破坏降至最低。

循环经济（cyclic economy）是以物质、能量梯次和闭路循环使用为主要特征，把清洁生产、资源综合利用、生态环境保护和可持续发展等融为一体，使经济活动由传统的"资源—产品—废弃物"的单一线性流程转变为"资源—产品—再生资源"的反馈式流程，研究运用环境无害化技术、资源回收技术和清洁生产技术，使废物减量化、无害化、资源化的一种经济发展思想。它以"减量化、再使用、再循环"为原则，来缓解资源、环境容量的有限性与发展无限性间的矛盾，解决日益严重的资源短缺、环境污染、生态破坏等问题。

循环经济是一种善待地球的经济发展新模式，它要求人们在生产和消费活动中倡导新的行为规范和准则，减量化（Reduce）、再利用（Reuse）、再循环（Recycle）的 3R 原则就是实施循环经济战略思想的基本指导原则。

（1）减量化原则。减量化原则是输入端方法，即减少进入生产和消费过程的物质和能源消耗量，从源头上节约资源和减少污染物的排放。它对污染的防治是通过预防的方式而不是末端治理的方式来解决的。

（2）再利用原则。再利用原则是过程性方法，即提高产品和服务的利用效率，要求产品和包装容器以初始形式多次使用，减少一次用品的污染，目的是提高产品和服务的时间强度。也就是说，尽可能多次或多种方式地使用物品，避免物品过早成为垃圾。

（3）再循环原则。再循环原则是输出端方法，它要求物品完成使用功能后重新变成再生资源，就是我们通常所说的废品回收利用和废物综合利用。通过再循环能够减少废物的产生，提高资源的利用效率。

循环经济起源于工业经济，其核心是工业物质的循环。在工业经济体系中，有以下三种循环，或称三个层面上的循环，如图 2-1 所示。

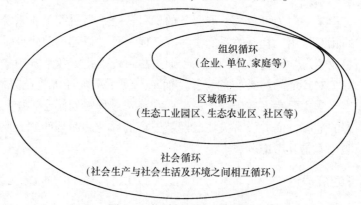

图 2-1   物质循环的三个层面

2.1.6   多任务委托代理理论

传统的委托代理理论围绕着委托人和受托人之间的一个目标进行研究，分析二者在达成这个目标的过程中各自的对策以及不同的效果。而在实际的生产和生活当中，委托人和受托人之间的关系往往比较复杂，委托人对受托人的要求可能不仅仅是简简单单的一项，而是要求两种甚至多种目标同时达成，这是传统的委托代理理论不能解决的，而通过多任务委托代理的模型，则能够对这类问题进行分析。

2.1.7　产权理论

现代产权理论认为，明晰的产权能够使经济的运行变得更有效率，能够提高整个社会的资源配置效率。产权有三个特征：第一，完善的产权体系必须能够支持和保障财产所有人对拥有财产的各项权利，对违背产权人意志的产权财产的支配行为进行约束；第二，财产的使用和支配所带来的经济利益的流入能够被产权人直接获得而不受干扰；第三，产权能够在市场上进行交易。产权理论提供了解决经济外部性问题的一种思路，完善的产权体系能够使自然资源最大程度地合理利用。

2.1.8　可持续发展理论

可持续发展理论是对传统经济学的补充和调整。可持续发展理论认为，经济和社会的发展既要满足当代人的需要，同时也要注重保护子孙后代发展的能力。可持续发展要求在发展的过程中做到把经济的发展与社会的发展、生态的发展统一起来，统筹兼顾经济效益、社会效益和环境效益，最终实现发展的可持续性。

可持续发展最广泛采纳的定义是在1987年由世界环境及发展委员会所发表的布伦特兰报告书所载的定义：可持续发展是指既满足当代人的需求，又不对后代人满足其需求的能力构成危害的发展。可持续发展的内涵即为既要达到发展经济的目的，又要保护好人类赖以生存的大气、淡水、海洋、土地和森林等自然资源和环境，使子孙后代能够永续发展和安居乐业。可持续发展与环境保护既有联系，又不等同，环境保护是可持续发展的重要方面。可持续发展的核心是发展，但要求在严格控制人口、提高人口素质和保护环境、资源永续利用的前提下进行经济和社会的发展，发展是可持续发展的前提，人是可持续发展的中心体，可持续长久的发展才是真正的发展。

可持续发展需要遵循以下基本原则：

（1）公平性原则。公平性原则是指机会选择的平等性，具有三个方面的含义：一是指代际公平性；二是指同代人之间的横向公平性，可持续发展不仅要实现当代人之间的公平，而且也要实现当代人与未来各代人之间的公平；三是指人与自然及与其他生物之间的公平性，这是与传统发展的根本区别之一。各代人之间的公平要求任何一代都不能处于支配地位，即各代人都有同样选择的机会空间。

（2）可持续性原则。可持续性原则是指生态系统受到某种干扰时能保持其生产率的能力。资源的持续利用和生态系统可持续性的保持是人类社会可持续发展的首要条件。可持续发展要求人们根据可持续性的条件调整自己的生活方式。在生态可承受范围内确定自己的消耗标准。因此，人类应做到合理开发和利用自然资源，保持适度的人口规模，处理好发展经济和保护环境的关系。

（3）和谐性原则。可持续发展的战略就是要促进人类之间及人类与自然之间的和谐，如果我们能真诚地按和谐性原则行事，那么人类与自然之间就能保持一种互惠共生的关系，也只有这样，可持续发展才能实现。

（4）需求性原则。人类需求是由社会和文化条件所确定的，是主观因素和客观因素相互作用，共同决定的结果，与人的价值观和动机有关。可持续发展立足于人的需求而发展人，强调人的需求而不是市场商品，是要满足所有人的基本需求，向所有人提供实现美好生活愿望的机会。

（5）高效性原则。高效性原则不仅是根据其经济生产率来衡量，更重要的是根据人们的基本需求得到满足的程度来衡量，是人类整体发展的综合和总体的高效。

（6）阶段性原则。随着时间的推移和社会的不断发展，人类的需求内容和层次将不断增加和提高，所以可持续发展本身隐含着不断地从较低层次向较高层次的阶段性过程。

2.1.9 "三重底线"理论

"三重底线"理论最早是在20世纪90年代由英国学者约翰·埃尔金顿提出的，即包括经济底线、社会底线和环境底线，从而将企业整体责任划分为经济责任、社会责任和环境责任。"三重底线"理论最早指出了经济、社会和环境之间的相互关系，要求企业不能仅仅把获取经济利益作为唯一的发展追求，要有可持续发展的战略眼光，不能只追求眼前的利益，而要考虑企业的长远永续发展。要求企业在获取经济利润的同时积极履行环境责任和社会责任，企业要有节约资源的意识，减少对资源的需求和过度依赖，提高资源利用率，尽量减少对资源的消耗。同时注重生态环境的保护和治理，减少废弃物的排放对环境造成的污染。履行社会责任就是要求企业在履行基本义务的同时积极回报社会，为社会整体发展作出一定的贡献。国内对"三重底线"理论的研究最早是由学者温素彬以该理论为基础建立的企业三重绩效评价模型，之后又从利益相关者的角度对企业社会责任与财务绩效的关系进行了实证研究。孙莲以绿色管理理论为基础，最早从社会、生态、经济三个方面建立企业绿色绩效的评价指标体系，分析了不同因子对企业绿色绩效可能产生的影响。"三重底线"理论具有较强的适用性，因此被学术界普遍接受和认可。

2.2 煤矿绿色生态投入基本理论

从以上相关理论的介绍及评价中,可以看出以上相关理论各有侧重。但总体来看,相关理论只是为煤矿绿色生态投入的研究奠定基础,直接关于绿色生态投入的理论少之又少,无法满足煤炭行业推行绿色开采、发展煤炭生态产业的理论指导要求。因此,必须应用系统论的方法吸收借鉴以上理论,在各理论之间取长补短,并结合煤炭行业特点进行深化研究,建立适合煤炭行业的绿色生态投入理论,为高起点、高水平、高质量的煤矿绿色矿山建设提供理论指导。

2.2.1 煤炭生态产业建设涵义

2.2.1.1 矿山涵义

狭义的矿山是指开采矿石或生产矿物原料的场所,一般包括一个或几个露天采场、矿井和坑口,以及保证生产所需要的各种辅助车间。煤炭生态产业建设研究的是煤炭行业的矿山,主要是从综合发展的角度界定,即矿山是指有一个或者若干个矿井或露天采场,以矿产资源开采加工为主导产业,以为实现绿色生态而进行的废弃物循环利用产业为辅助产业,有完备的生产生活设施的工业广场(包括职工生活区、行政办公区、生产作业区)和当地居民组成的集社会经济、生态环境、资源开发利用为一体的复合体。此矿山涵义有以下三个特征:

(1)区域性。矿山的区域性表明矿区在空间地域上的分布和范围,单纯从量的概念,矿山可大可小,但煤炭生态产业研究的对象应该是与矿产资源有关的区域和经济行政社区,在空间维度上是扩展的。

(2)矿业主导性。采掘矿产资源是矿山存在的前提和发展基础,同时也是矿山内的主导产业。从长期发展看,矿山中矿业的主导作用将会随着矿产资源的耗竭和其他产业的发展而逐渐降低。

(3)社会性。矿山本身是整个社会的一个组成部分,矿山的发展是开放性的,它必须与社会的整体发展同步协调,煤炭生态产业的研究必须是研究其社会属性,是研究矿山对生态、环境、经济、社会的耦合关联性。

2.2.1.2 煤炭生态产业建设涵义

A 煤炭生态产业含义

由于认识和研究的角度不同,对煤炭生态产业定义的侧重点不同,人们对煤炭生态产业的理解各异,由此产生了对煤炭生态产业的不同定义和表述,比较有代表性的主要有以下几种。

中国煤炭工业协会会长王显政从煤炭行业宏观环境方面指出:煤炭绿色开采、煤炭生态产业建设是以提高资源开发利用效率、保护生态环境、减缓资源消耗、追求可持续发展为目标，以煤炭科学产能为依据，转变以煤炭安全采出为目的的传统观念，树立绿色开发新理念，尊重自然生态，珍惜矿产资源，保护矿区环境，发展先进适用技术和装备，以开采方式科学化、资源利用高效化、企业管理规范化、生产工艺环保化、矿山环境生态化为基本要求，实现资源开发的经济效益、生态效益和社会效益协调统一的煤炭经济发展新模式，为提升煤炭工业发展的科学化水平提供路径支撑。

卞正富从矿山生态系统受采矿过程的影响角度提出：矿山生态建设是考虑矿山开采前的原生态条件和采矿对生态环境影响的特征，应用生态学原理，在采前、采中和采后采取相应的措施，建设一个良性的矿山生态系统的活动。

鲍爱华从矿山人文、资源、经济和生态联系角度出发认为：煤炭生态产业是以采矿活动为中心，将矿山人文环境、生态环境、资源环境和经济环境相互联系起来，构成一个有机的工业系统，从而以最小的生态扰动量获取最大资源量和经济效益，并在采矿活动结束后只通过最小的末端治理，使矿山工程与生态环境融为一体。其含义是遵循自然生态系统的物质循环规律，重构生产系统，使其和谐地纳入自然生态系物质循环利用过程，形成产品清洁生产、资源高效回收和废物循环利用为特征的生态经济发展形态。

乔繁盛按照科学发展观的理念，认为：绿色矿业就是科学的可持续发展矿业，即从地质勘探、矿山设计与建设、采选冶加工，到矿山闭坑后生态环境恢复重建的全过程，按照资源利用集约化、开采方式科学化、企业管理规范化、生产工艺环保化、矿山环境生态化的要求开发经营，实现矿产资源开发与生态环境保护协调发展和矿业经济的持续健康发展。

借鉴已有的观点，本书作者认为：煤炭生态产业，就是将矿山看作一个"社会—经济—生态"的复合生态系统。这个生态系统是利用生态学原理和系统工程学方法进行矿业规划、设计和管理，在一个总体规划协调的原则下，依据当地生态、资源、人文、经济和社会环境，实现物质和能量高效利用、经济发展、技术发达、体制合理、管理先进、社会文明、自然环境优美的现代化新矿山。使自然资源得到合理的开发和利用，减少对环境的污染与破坏，寻求矿业经济持续、稳定、协调发展，以取得社会、经济和生态环境效益的统一。

B 煤炭生态产业建设含义

现在的煤炭开采理论，是以研究如何安全地把煤炭资源采出为主要原则，而煤炭生态产业建设要求在煤炭开采的过程中，不只把煤炭看作是资源，更要把空气、土地、地下水、周围环境等与煤相关、构成环境生态的各种因素，都当作是一种重要的资源，科学开发、综合利用，将矿区地貌、人文环境、生态环境、资源环境和技术经济环境相互联系起来，采用先进的采煤方法，构建科学、生态、环保的煤矿生产系统。事实上，煤炭生态产业属于生态工业的一个分支，是一个特殊的资源性为主的工业。生态工业是按照经济生态原理和知识经济规律组织起来的基于生态系统承载能力、具有高效的经济过程及和谐的生态功能的网络型、进化型产业。与传统工业不同，生态工业通过两个或两个以上的生产体系或环节之间的系统耦合，使物质、能量能够多级利用、高效产出，资源、环境能系统开发、持续利用，工业发展的多样性与优势度、开放性与自由度、力度与柔度、速度与稳度达到有机结合，污染负效益变为经济正效益。煤炭生态产业的建设应该遵循生态工业的建设原则和方法。

因此，本书认为煤炭生态产业建设就是将矿山人文环境、生态环境、资源环境和技术经济环境相互联系起来，对采矿及相关产业的各个环节和过程进行提升改造，构建科学、低碳、生态、环保的矿山工业系统，以最小的生态扰动获取最大资源和经济效益，并在采矿活动结束后通过最小的末端治理，使矿山工程与生态环境融为一体。其实质就是通过技术、管理、经济等方面的创新，全面、全过程、全方位的对矿山开采及相关活动进行综合改造和治理，提升循环经济发展水平，发展低碳生态的高端循环经济，研究运用低碳技术、节能技术、生态无害化技术、资源回收技术、资源高效利用技术、清洁生产技术和与生态环保相适应的管理机制、经济评价技术，使矿山范围内的开采清洁化、生态化，资源利用高效化、低碳化，废弃物减量化、无害化、资源化的一种经济建设和发展模式。它以"节能减排、资源高效、废物利用、生态环保"为原则，缓解资源、环境容量的有限性与发展无限性间的矛盾，解决日益严重的资源回收率低、环境污染、生态破坏等问题，使工业系统与自然生态系统和谐发展，经济与生态协调，注重经济系统与生态系统的有机结合，煤炭生产、废弃物利用、生态复垦的全过程密闭循环，提高能源利用效率和回收废弃的资源，以期降低二氧化碳的排放量，缓和温室气候，在碳排放量比较低的基础上，提高经济发展水平。

2.2.2 煤矿绿色生态投入的含义

煤矿绿色生态投入包括绿色开采技术和为开展绿色生态活动投入的人力、物力、员工培训等。本书从广义和狭义两个角度对煤矿绿色生态投入的概念进行界定。我国的煤炭环保从环境污染被动治理转为生态环境主动防治，未来的发展趋势是保障泛利益相关者的生存权利，基于煤矿生态环保的发展历程和发展趋势，首先从历史-现状-未来三个维度，从广义上界定绿色生态投入的内涵。

基于环境污染被动治理的角度，煤矿绿色生态投入是指针对煤炭企业在进行煤炭资源的开采过程中造成的污染，政府或政府环境保护部门给予造成环境污染的企业进行罚款或者要求其进行治理，恢复和治理因煤炭开采造成的生态环境破坏而进行的投入。

基于生态环境主动防治的角度，煤矿绿色生态投入是指煤炭企业在进行煤炭开采的过程中，对生态环境造成破坏，通过开采模式的经济化、绿色化，实现煤矿资源利用效率高效化、开采方式绿色化、管理方式规范化，以"减量化、再循环、再利用"为原则，以发展以煤为基础的循环经济与实现煤矿资源的再利用为载体，保护和维护煤炭矿区的生态环境、改善和恢复煤炭矿区的生态环境系统的服务功能而进行的投入。

基于利益相关者理论，煤矿绿色生态投入是指以实现可持续发展为目标，以解决煤炭矿区经济发展与生态环境、社会公众的矛盾为宗旨，协调生态环境治理利益相关者之间的利益冲突为内容，树立绿色开采理念，使用绿色开采方法，在资源开发的各个环节，推进资源与环境一体化，协调煤炭矿区的经济利益、社会利益、环境利益，提高社会公共福祉，使煤矿的经济效益、社会效益、生态效益协调统一发展的新模式而进行的相关投入。

本书所指煤矿绿色生态投入为狭义的界定，煤矿绿色生态投入是指为降低资源损失成本，提高资源利用效率与资源回收率，煤炭企业大力推广和实施清洁生产技术，对各种形式的废弃物进行综合利用，培养企业员工树立绿色生态环保意识，进行废弃物的治理等保护生态环境的活动而进行的投入。

2.2.3　煤矿绿色生态投入的意义

随着工业化进程的不断深入，日益严重的环境污染和资源危机已经对人类的生存和社会的发展构成威胁。我国长期以来"高投入、高产出、高污染、低效率"的经济发展模式使这一矛盾更加突出，特别是能源企业在高强度的开采和消耗资源的同时，也在高强度地破坏与其密切相关的区域生态环境。经济发展、资源开发与环境保护存在着相互依赖、相互制约的关系。资源是发展经济的物质基础，经济的高速发展离不开煤炭资源的广泛和大量的开发利用，合理开发和利用资源是实现经济社会可持续发展的前提。当前人类社会的发展，从人与自然的关系上看，已经进入了新的生态文明时代。在此基础上，我国经济发展中，已经出现了明显的"经济生态化"的发展趋势，同时也提出了"资源开发利用生态化"的要求。两者都是生态文明时代的必然产物。煤炭作为我国的基础能源，在我国能源格局中占很高的比重，但是煤炭资源开采利用带来的环境生态破坏也是最严重的。因此，为了消除煤炭行业矿山生产活动对环境生态的巨大负面影响，需要通过加大绿色生态投入，建设煤炭生态产业，使矿山开采和环境协调统一，从而在发展煤炭行业的同时，改善生态环境，使国家生存和发展所需的生态环境不受或少受破坏与威胁，从而使煤炭资源开发利用与生态环境保护这一矛盾得到有效的缓解。

（1）解决矿山生态环境污染与防治问题，有利于国家生态安全和经济可持续发展。我国在煤炭资源开发利用中所造成的生态环境问题已日益严重，主要表现为：一是采煤过程中排放的废气、废水、废料和生产过程中的噪声对生态环境的影响；二是煤炭开采引起的地表沉陷对生态环境的直接破坏。加大绿色生态投入，研发应用生态技术能够有效地改善以上两个方面的生态环境问题。

我国各大煤炭集团都针对矿山的环境污染与防治问题，研究开发和实施一些生态环保技术。例如，冀中能源在煤炭生态产业建设中，利用了多项生态环保技术。瓦斯抽采利用技术通过对井下瓦斯的抽放和利用，降低瓦斯含量，减少瓦斯对大气的污染；矸石充填技术将采煤过程中产生的矸石重新回填至地下，既可以消除地面矸石山，减少对大气和环境污染，又可部分解决或降低地面沉降和塌陷问题；噪声治理及综合防尘技术的应用可以很好地消除噪声及固体废弃物对生态环境所带来的污染。一系列生态创新技术的应用将煤炭开采中产出的废水、废气、废料循环利用，从根本上解决矿山生态环境污染与防治问题，为国家生态安全提供重要支撑。绿色生态投入将为实现全国煤炭行业的可持续发展奠定基础，从而为我国国民经济的可持续发展打下坚实的基础。

（2）有利于消除煤矿重大灾害源，显著减少矿山工程地质灾害的发生，提高矿山安全管理水平。矿山开采不当不仅会带来生态环境污染问题，还会产生或诱发矿区地面塌陷、崩塌、瓦斯突出、矿井水突出等地质灾害，严重威胁矿山正常生产和人民的生命财产安全，造成大量人员伤亡和经济损失。

通过加大绿色生态投入，研发和应用多项生态环保技术，有利于消除煤矿重大灾害源，显著减少矿山工程地质灾害的发生。例如，采用矸石充填技术，既可以消除矸石山坍塌或引爆危及人类的事故隐患，又可以防止地面沉陷，保护地面建筑和农田水利设施。保水开采技术可以有效保护地下水系，防止地下突水，避免危害井下人员安全，可以一定程度上消除矿山开采所带来的工程地质等各类灾害隐患，使煤炭行业走上一条生态环保、安全高效的可持续发展之路。

（3）有利于提高资源综合利用率，降低能耗。煤炭开采过程中，有些矿山由于经济和安全等因素的影响，大量残留矿柱或采富后留下的周边贫矿体等难以再次回采，致使煤炭资源被大量遗弃。同时，煤矿工业广场地面建筑的供暖、井筒防冻及职工浴室洗澡热水需要消耗大量的热能，传统做法是通过燃煤锅炉提供热源以满足上述要求。这样，不仅消耗大量煤炭，而且煤炭燃烧时排放大量污染物也会造成环境污染。

通过加大绿色生态投入，应用无煤柱开采技术以及充填开采技术可以提高煤炭回采率，节约煤炭资源。而回风源热泵技术则实现了地下热能利用，为整个矿山供热，实现煤矿不燃煤，取消燃煤锅炉，减少大气污染，降低了能耗。

因此，绿色生态投入有利于保障在生产各个环节循环和高效利用有限资源，同时减少碳排放，降低能耗，提高现有资源的开发利用率，使我国的煤炭资源可以为实现我国经济的崛起更充分地发挥基础支撑作用。

2.2.4 煤矿绿色生态投入的目标

绿色生态投入的总体目标，就是为积极推行清洁生产，发展基于生态的高端循环经济，实现资源利用高效化、开采方式现代化、采矿作业清洁化、矿山管理规范化、生产安全标准化，为将矿山建设成为"安全型、效益型、生态型、环保型、低碳型"的"五型"现代化矿山提供保障。具体目标体现在以下几个方面：

（1）提高煤矿多资源耦合共生开发水平。煤炭企业在注重煤炭资源开发的同时，在开采过程中必须把矿山水资源、热能资源、伴生资源、瓦斯、环境和土地资源等都视为重要的资源，在采矿规划、设计、开采的过程中，采用先进的采煤方法，构建科学、生态、环保的煤矿生产系统，将这些资源在采矿过程中统筹规划，充分利用，最大限度地将各种资源都一同开发和利用，根据各种资源的赋存情况，利用先进的技术和手段，提高煤矿多资源耦合共生开发水平。

全国各大煤炭集团通过加大绿色生态投入，提高其利用效率，研发利用矿井地温利用技术、矿井水资源保护利用技术、瓦斯利用技术、充填开采技术等，实现对矿山多资源的开发和利用。

（2）提高煤矿开采生态环境可控能力。煤炭开采或多或少地会对生态环境造成破坏，煤炭企业建设煤炭生态产业的目的之一在于能够在矿井设计、建设、开发、利用和报废的全过程，通过科学规划和先进技术的应用，有计划、有目的地规划和减少在煤炭开采和利用过程中对生态环境的影响，控制对生态环境的影响程度。

例如，可以在煤炭开采过程中运用充填开采技术实现减少或消除对地表生态环境的影响，利用保护水资源开采技术，在防治采场突水的同时，对水资源环境进行有意识的保护控制，增强对矿山开采生态环境的可控能力。

（3）提高安全保障水平。矿山开采会产生危害矿山正常生产和人民生命财产安全的事故，例如瓦斯爆炸、瓦斯突出、顶板冒落、采空区发火、矿井突水、地面塌陷、崩塌等自然灾害。一旦发生，将会造成大量人员伤亡和经济损失。煤炭开采，安全为天，煤炭生态产业建设也必须通过各种技术的应用，提高矿井开采的安全水平。

目前我国在煤炭生态产业建设中采用矸石充填技术，用矸石、砂、碎石等物料充填采空区达到控制顶板岩层运动及地表沉陷的目的。充填技术可有效地减少顶板事故，避免瓦斯在采空区积聚，同时也可避免采空区煤的自燃，可以不产生矸石山，又可以防止地面沉陷，保护地面建筑和农田水利设施，可实现矿山安全保障程度提高的目的。

（4）降低运行能耗。实现生态的主要目标是最大限度地节约能源，降低能耗，通过加大绿色生态投入，把节能减排、生态技术贯穿到矿山活动的全过程，最大限度地减少能源（电、水、煤炭）的消耗，开发、集成应用各项节能技术，使整个生产过程的能耗降低。

（5）减少污染和废弃物排放。通过加大绿色生态投入，以"零排放、无污染"为最高目标，集成与研究生态环保技术，并应用于整个煤炭资源开发全过程，减少污染和废弃物排放。

例如，瓦斯抽采利用技术通过对井下瓦斯的抽放和利用，降低瓦斯含量，减少瓦斯对大气的污染；噪声治理及综合防尘技术的应用可以很好地消除噪声及固体废弃物对生态环境所带来的污染；矸石、中煤、粉煤灰、石膏、矿井水的循环利用和资源化可大量减少废弃物的排放，减少对环境的污染。

（6）减少对地下水、地表及自然环境的扰动和破坏。通过加大绿色生态投入，实现煤炭生态产业建设，就必须关注煤炭矿山开采和废弃物利用对自然环境的扰动和破坏。虽然不能绝对避免对自然及生态的扰动，但应采取先进的技术和管理措施，尽量减少扰动和破坏。矿井开采对地下水系可能造成破坏，同时可能造成矿井突水的灾害，我国也发生了很多矿井水突水的重大事故，造成了大量的人员伤亡和经济损失。矿井开采的同时，由于井下垮落会造成地表的塌陷，破坏地表的生态和自然环境，开采中废弃物（矸石）及排放的瓦斯会对自然环境及生态造成影响和破坏。故为保护矿山的生态环境，应在矿井设计、建设、生产、关闭、废弃物利用的全过程考虑对地下水、地表及自然环境的扰动和破坏。使煤炭的开采和利用过程中对生态的影响是可控的，这些都需要通过加大绿色生态投入来保障实现。

以上六个目标可以总结成"三高四低"，即高能效、高可控、高保障、低能耗、低排放、低污染、低扰动。所谓高能效是指能源效率要高，即能源在利用中，产生的工业增加值与实际消耗的能源量之比，高能效就是提高能源的利用率，节约资源和能源，间接地实现二氧化碳及碳排放的减少，即实现低碳的目的。高可控就是矿山在煤炭的开采和利用过程对生态环境影响的可控性要高，能够人为控制矿山开采对生态环境的影响程度。高保障就是矿山生产的安全保障水平高，矿山安全事故少、安全隐患小。在达到"三高"的同时，根据生态建设的总体目标，必须实现"四低"，即低能耗、低排放、低污染、低扰动。低能耗就是降低矿山运行能耗，节能、节水和节资，通过能耗降低减少二氧化碳及碳排放量，低排放就是减少废弃物的排放量，低污染就是虽有排放，但不能对生态环境造成严重污染，低扰动就是通过有计划、有控制的采矿活动，减少对自然环境的扰动和破坏，实现生态保护之目的。

2.2.5 煤矿绿色生态投入成本含义及构成

2.2.5.1 绿色生态投入成本的含义

基于生态环境主动防治的矿区多维资源观，煤矿绿色生态投入成本是指降低资源损失成本，提高资源利用效率与资源回收率，煤炭企业大力推广和实施清洁生产技术，对各种形式的废弃物进行综合利用，培养企业员工树立绿色生态环保意识，进行废弃物的治理等保护生态环境的活动而进行投入的各项成本费用。煤炭生产对环境影响的特殊性决定了煤炭企业绿色生态投入成本的特殊行业特点。目前，我国绿色生态投入成本仍然没有统一的规范，不利于煤炭企业的绿色煤炭生态产业建设。

2.2.5.2 煤矿绿色生态投入成本的构成

绿色生态投入成本可以按照不同的分类标准进行分类。对煤矿绿色投入成本构成的深入分析，是绿色生态投入成本计量的基础，是绿色投入成本控制、分析和编制企业预算的重要依据，也是企业自我约束其环境行为和控制其环境影响的内在动力。

A 基于不同作用的绿色生态投入成本构成

按照投入成本在绿色煤炭生态产业建设中的不同作用，本书将绿色生态投入成本划分为三大类、10 个组成部分。如图 2-2 所示。

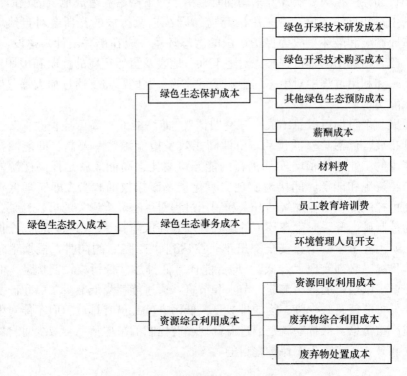

图 2-2 绿色生态投入成本分类示意图

（1）绿色生态保护成本。绿色生态保护成本是为了保护环境，降低由于煤炭开采与生产造成的生态环境问题，实现绿色开采与生产而投入的成本。在煤炭开采与生产的过程中，传统的生产方式造成了严重的生态环境问题，为了降低生态破坏程度，建设绿色煤炭生态产业，需要投入一定人力、物力、财力，即绿色生态保护成本。

在绿色生态保护成本中，主要包括绿色开采技术研发成本、绿色开采技术购买成本、绿色生态预防成本、薪酬成本、材料费用。绿色开采技术研发成本主要是指煤炭企业为研究开发节约能源和降低污染物排放技术投入的成本；绿色开采技术购买成本是指为节能减排目的购入设备发生的成本；其他绿色生态预防成本是指为保护生态环境与降低污染物排放而开展的环境勘测与监测等活动支出；薪酬成本是指煤炭企业环保设备操作及维护人员的经费；材料费是指设备维护过程中消耗的材料费用与绿色生态保护过程中使用的材料费用。

（2）绿色生态事务成本。绿色生态事务成本是指为改善生态环境，在管理绿色煤炭生态产业建设事务的过程中发生的各项支出。主要包括对员工进行绿色生态教育、普及绿色生态知识、培养绿色生态保护能力的支出，还包括环境管理人员的开支。绿色生态事务成本是绿色煤炭生态产业建设的支持活动发生的成本，与煤炭开采与生产无直接关系。

（3）资源综合利用成本。资源综合利用成本是指为降低资源损失率，煤炭企业因提高共伴生元素的综合回收率及废弃物的循环利用发生的各项成本支出。资源综合利用成本主要包括资源回收利用成本、废弃物循环利用成本、废弃物处置成本等。

B 基于投入时间的绿色生态投入成本构成

按照投入时间不同，绿色生态投入体现在事前、事中、事后三个环节，事前要进行环境预防，事中要进行环境清洁，事后要进行环境修复，而这些都应计入绿色投入成本之中，如图 2-3 所示。

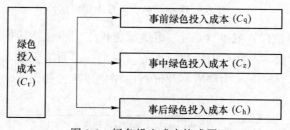

图 2-3 绿色投入成本构成图

一般我们把矿区生产所必须的防护性支出成本归纳到事前的绿色投入成本之中，如前期的环境勘测与监测、技术更新、环保设备等的支出。在生产过程中购置的一些用于清洁生产设备的物质及维修费用归纳为事中的绿色投入成本。而事后成本包括诸如森林植被的恢复成本、土地复垦成本及其他资源或环境的修复成本等。

（1）事前绿色投入成本（C_q）。事前绿色投入成本包括前期的环境勘测与监测成本（C_{q1}）、技术更新成本（C_{q2}）、环保设备成本（C_{q3}）和事前的其他成本（C_{q4}），如图 2-4 所示。

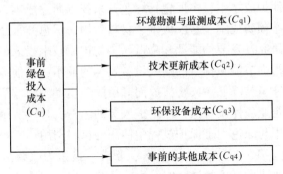

图 2-4   事前绿色投入成本构成图

（2）事中绿色投入成本（C_z）。事中绿色投入成本包括在生产过程中购置的一些用于清洁生产设备的物品成本（C_{z1}）及维修费用归纳为事中的成本（C_{z2}）和事中的其他成本（C_{z3}），如图 2-5 所示。

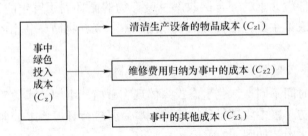

图 2-5   事中绿色投入成本构成图

（3）事后绿色投入成本（C_h）。事后绿色投入成本包括诸如土地恢复治理成本、矿井水治理成本及矸石山绿化成本等。目前，事后绿色投入成本主要包括土地恢复治理成本、矿井水治理成本及矸石山绿化成本，如图 2-6 所示。

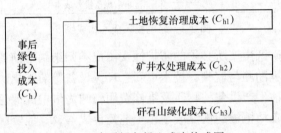

图 2-6   事后绿色投入成本构成图

2.3 基于 MFCA 的煤矿环境成本

2.3.1 环境成本含义与构成

煤矿环境成本按照不同的分类标准，也有不同的分类，本书按照环境成本构成的性质、目前环境会计计量并披露的性质、基于价格核算的不同，以及承担主体进行梳理和分析。

2.3.1.1 基于环境成本构成的性质分类

万林葳（2012）认为，生态矿区环境成本包括以下四个方面的内容：

（1）煤炭资源损耗成本。煤炭资源作为自然资源的一个重要组成部分，是人类赖以生存和发展的重要物质基础。资源按其形态不同可以分为自然资源和社会资源两部分，其中自然资源从广义上讲，包括一切可以被人们开发、利用并能够创造价值的物质和能量的总和，既是人们赖以生存的物质基础，又是社会发展的源动力。人类赖以生存的空气、水、阳光、土壤都属于自然资源，同时也是人们熟知的环境构成要素，而诸如煤炭、石油、天然气、有色金属等矿产资源在未被人们开发和利用的时候，也是作为地表环境的构成要素之一埋藏在地下。所以，资源是环境成本的组成部分，环境是资源的载体和依托。人类必须从整体上协调处理自身活动与自然环境以及资源之间的关系，在维护生态平衡的前提下实现可持续发展。因此，煤炭资源作为一种非再生资源，其自身损耗价值应该作为环境成本的一部分予以计量。

煤炭资源损耗成本意义重大，不容缺失。我国煤炭资源成本核算尚未真正从"完全成本"角度出发，成本缺失现象极为普遍，主要体现在矿业权和煤炭产品两种资源上。一直以来由于政府和地质勘查单位出资形成的那部分地质成果尚未资本化，与之相关的风险和损失用财政资本核销了。同时矿产资源勘查中的科技投入也没有按照贡献得到相应的补偿。而煤炭产品成本的缺失，主要体现在煤炭资源自身价值损耗并未在其成本中得到真实反映。由煤炭产品成本缺失造成的后果是多方面的，它可能造成国有资源资产的流失，严重打击了地质勘查技术创新的积极性，还可能造成人们对煤炭资源滥采滥挖，致使资源开采过程中浪费现象严重。因此，由煤炭资源成本缺失带来的危害归纳起来主要有两个方面：一方面在煤炭资源耗用上，助长了资源的损失和浪费，由于成本缺失的部分都是相对固定的成本，其缺失必然使单位煤炭产品中为资源耗费付出的代价减少，容易造成煤炭企业急功近利，加速煤炭资源的耗竭；另一方面在经济付出上，造成对社会成本的亏欠，形成经济上的透支。本书认为，对煤炭资源损耗成本进行计量并将其纳入生态矿区环境成本构成体系之中，是解决当前矿产资源成本缺失带来一系列问题的最佳途径。

(2) 环境破坏成本。矿区可能会出现地表沉陷；造成劳动力和财产损失；水、大气、森林草地等资源损失；工业设备受腐蚀损失；能源、原材料的消耗，耕地破坏以及矿井水造成农业、渔业的损失等问题。

(3) 绿色投入成本。对于生态矿区来说，绿色投入成本主要包括事前环境预防成本、事中清洁生产投入成本以及事后环境恢复成本三方面内容。事前环境预防成本主要为矿区防护性支出，例如环境监测投入、环保人员各项开支、环保设备以及技术工艺引进支出等；事中清洁生产投入成本主要包括清洁生产设备的购买、清洁生产设备的维修等支出；事后环境恢复成本主要包括土地复垦成本、矿井水污染治理成本、草场及林地恢复成本等。

(4) 环境安全成本。生态矿区建设不仅仅要解决矿区环境污染、生态失衡的问题，还要解决矿区井下作业面的环境安全问题，因此就必须投入大量的资金、劳动力等要素，这就构成了矿区环境安全成本。

颉茂华（2013）在其研究中指出当前的煤炭企业环境成本分类方式已经无法体现企业的真实发展，他将煤炭企业的环境成本划分为：自然资源耗减成本、环境预防成本、环境维护成本、环境改善成本、环境损失成本以及其他必要性的成本支出等。

2.3.1.2　基于目前环境会计计量并披露的性质分类

按照目前环境会计中是否已经准确计量并披露，可以把环境成本分为两个部分，一是可识别环境成本，即在目前环境会计中能够准确计量并披露的环境成本，一般包括环境保护资本支出的折旧与摊耗、排污费、资源费、绿化费、认证费用以及其他与环境相关的可以客观量化的支出。二是不可识别环境成本，即目前环境会计还无法进行计量和披露的环境成本，这部分环境成本多数是企业外部性成本，如企业对大气污染所造成的损失（排放污水以及排放有害废弃物对周边环境所造成的损失）。由于这些成本在计量方面存在着很大的困难，因此，在账面上无法反映这些成本。换句话说，企业并不承担这部分成本。但从环境成本构成情况来看，第二部分环境成本要占到全部环境成本的绝大部分，因此，关于第二部分环境成本计量及优化问题是必须要解决的问题。

2.3.1.3　基于承担主体不同的分类及构成

环境成本是指企业为减少生产经营全过程对环境产生的影响，在环境损失发生之前对其进行预防，在环境损失发生的同时对其进行维护，在环境损失发生之后对其进行补偿的各种支出，并包含未得到补偿的对社会、资源及环境的影响，是一种使用资源后将环境重置成原样甚至加强绿化将付出的代价。基于承担主体不同，环境成本包括煤炭企业支付的环境成本、个人环保支出及社会承担的隐性环境成本。不同主体承担的环境成本的计量手段和方法不同，其具体范围如图2-7所示。

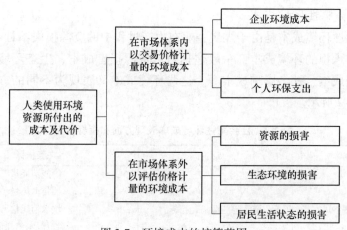

图 2-7 环境成本的核算范围

由于个人环保支出数量有限，一般也将其归入社会承担的环境成本。以下重点分析煤炭企业在开采过程中为环境问题所支付的成本及社会隐性环境成本。

A 煤炭企业支付的环境成本

在各种法律规章的约束下，煤炭企业在煤炭开采过程中将为避免造成环境问题及治理已造成的环境问题支付实实在在的费用，这些费用构成了煤炭企业自身核算的煤炭开采环境成本，具体内容如表 2-1 所示。

表 2-1 煤炭企业支付的环境成本

环境成本分类	支出项目	内　　容
保护及预防 成本	研发支出	为防止环境污染的研究和开发支出
	防治措施费	为实现排放达标、保护水源等工程 设施的构建费、运行费及有关人员费用
	地下充填费用	为防止地表塌陷而需要进行水沙石填充发生的费用
环境管理与 教育成本	规定支出项目	职工环境保护教育费、企业实施 ISO14000 的相关费用
	环境管理费	企业环境管理机构和相关人员的经费
	环境监测费	企业用于环境检测的设备设施、仪表仪器及有关费用
恢复与治理 成本	治理费	按照有关规定对环境问题支付的治理费用
	排污费	各级政府"三废"超标排放征收的排污费
	与土地有关费用	耕地占用费、地表塌陷赔偿及矿山占用土地复垦支出
	有关的其他费用	地方政府因治理环境向企业摊派的费用
社会影响 成本	环境影响赔偿费	因排放污染因素引起的农田损害、农作物破坏、 空气污染而对周边农村和居民进行赔偿的费用
	村庄搬迁费	因地下采空需要搬迁村庄引起的 土地征购及村庄搬迁费用
环境改善成本	绿化费用	植树及绿化费用

B 社会隐性环境成本

社会隐性环境成本是由于煤炭企业在生产过程中的资源损失给社会造成的煤炭企业尚未承担的环境成本，一般包括自然资源损害成本、生态环境损害成本、恢复与治理成本、社会影响成本等。这些环境成本又表现为不同的方面和指标，具体如表2-2所示。

表 2-2 社会隐性环境成本表现方面和指标体系

环境成本	一级指标	二级指标
自然资源损害成本	资源与能源消耗指标	电能消耗量
		油料消耗量
		坑木消耗量
		原煤新鲜水消耗量
		土地资源占用量
生态环境损害成本	污染因素排放指标	采煤废水外排量
		采矿废气、自燃废气外排量
		昼间噪声强度
		夜间噪声强度
		粉尘扬尘量
	特殊废物排放指标	放射性废物、危险废物的排放量
恢复与治理成本	环境恢复率（与开采前相比）	滑坡、泥石流发生情况
		林地面积、草地面积、农田面积减少量
		河流长度、湖库面积、水资源减少量
		土地占用、污染面积
		全球气候变暖、酸雨
		臭氧层破坏、雾霾变化情况
	资源综合利用指标	矸石山清理率
		生产垃圾合格处理率
		煤矸石综合利用率
		矿井水综合利用率
		瓦斯综合利用率
		沉陷土地复垦率
		露天矿疏干水利用率
		排土场植被恢复率
		排土场复垦率
社会影响成本	居民健康状况	相关疾病发生率
	居民生活质量	居民生活状态（如迁移的影响）
	其他	地方历史性建筑完整性

社会隐性环境成本的计量一般需要采用评估方法进行计量，以下将以自然资

源使用消耗和生态环境的破坏污染（三废及噪声排放）为例进行分析。

（1）自然资源价值计量模型。现值模型：根据替代与预测原理，结合时间价值，将折现率融入收益中，将未来各年的预期收益折为现值，以此作为自然资源的价值来计量。其基本公式为：

$$V = \sum_{n=1}^{T} \frac{A}{(1+r)^{n-1}}$$

式中　V——自然资源价值，万元；

　　　A——自然资源的平均年净收益估计值，万元；

　　　r——年折现率，%；

　　　T——预期开采年限。

（2）气态和液态污染物环境损害成本，这类污染物的环境治理成本与它们排放物的体积和浓度有关，其单位体积环境损害成本为：

$$C_i = \frac{P_i}{P_0} \times C_p$$

式中　C_i——第 i 类污染物单位体积损害成本，万元；

　　　P_i——第 i 类污染物浓度；

　　　P_0——污染物基准浓度；

　　　C_p——污染物基准浓度 P_0 下的单位体积环境损害成本（可由有关规定而得）。

当有多种污染物时，根据污染物之间的关系，采用加权法计算如下：

$$C = \sum C_i \times V_i$$

式中　V_i——第 i 类污染物的体积。

（3）固体污染物的环境损害成本是通过企业对废弃物的储存、清理和回收利用费用体现的，如煤矸石的存储、充当燃料、制砖制瓦、填充塌陷区、复垦造田及绿化植树等投入的人力、物力和资金都应计入固体污染物成本，当然，企业在处理污染物时获得的收益应当冲减一部分环境成本。

$$C = C_d + \sum Q_i F_i - I$$

式中　C_d——固体污染物处理的环保设备的折旧成本，万元；

　　　Q_i——第 i 类固体污染物的实物量（通常以吨为单位）；

　　　F_i——第 i 类固体污染物的单位治理成本，万元/t；

　　　I——固体污染物治理的综合收益，万元。

（4）目前我国对噪声的治理成本还没有成熟的处理模型，主要是采用对不同的区域设定不同的噪声等级标准，当排污者产生的超过国家和规定的环境噪声排放标准，且干扰他人正常生活、工作和学习的噪声时，按照超标的分贝数征收噪声超标排污费，征收标准如表 2-3 所示。

表 2-3   噪声超标排污费收费标准

超标分贝 /dB	1	2	3	4	5	6	7	8
收费标准 /元·月$^{-1}$	350	440	550	700	880	1100	1400	1760
超标分贝 /dB	9	10	11	12	13	14	15	16 及以上
收费标准 /元·月$^{-1}$	2200	2800	3520	4400	5600	7040	8800	11200

通过环境成本的文献述评以及目前环境成本的分类构成可以看出，迄今为止，关于环境成本的研究虽然很多，但是都没有一个明确的、统一的界定，主要是各个研究者的研究角度不同，这也告诉我们，环境成本是一个多角度的成本，必须要进行全方位的成本考虑。我国目前在对环境成本进行核算上尚缺乏规范，但绿色生态投入成本作为环境成本的一部分可借鉴其核算思想。

2.3.1.4   本书基于资源损失的环境成本分类

若从资源损失的角度来看，一般情况下，在企业投入资源、使用资源与产出资源过程中，资源损失越小，对外部环境的破坏也就越少。而从环境成本的构成内容上看，与资源损失相关的成本占到环境成本总额的大部分。因此，控制资源损失能够有效控制企业的环境成本，资源损失的最小化是环境会计控制体系的具体目标。为了实现这个具体目标，企业需要进行全过程的资源损失控制，从资源投入开始要控制资源投入的总量与结构，在使用资源过程中控制资源的使用效率，而在资源产出中控制流出企业的无效资源。

从这个视角分析，环境成本可以分为煤矿绿色生态投入成本和社会隐性环境成本。煤炭企业为降低资源损失成本、提高资源利用效率与资源回收率、大力推广和实施清洁生产技术、对各种形式的废弃物进行综合利用、培养企业员工树立绿色生态环保意识、进行废弃物的治理等保护生态环境的活动而进行的投入就是煤矿绿色生态投入成本。而社会隐性环境成本就是煤炭企业损失的资源对外部环境的损害和破坏。从承担主体来看，绿色投入成本就是煤炭企业承担的环境成本，社会隐性环境成本就是社会承担的那部分环境成本。从计量及披露的性质看，目前的绿色生态投入成本有些是可识别环境成本，有些是不可识别环境成本，但随着会计制度的完善，这部分成本应该都可以成为可识别环境成本，而社会隐性环境成本就是不可识别的环境成本。未来应该通过建立健全煤矿开采的生态环境补偿机制不断使得煤炭企业对社会隐性环境成本负责，使得外部成本内部化。

2.3.2 物料流成本会计核算方法

2.3.2.1 物质流核算的产生与发展

物料流量成本会计（Material Flow Cost Accounting, MFCA）是一种环境管理的会计工具，其首次提出者是德国的阿鲁克斯布鲁克研究所。物料流量成本会计是在传统成本法下发展的新成本法，这种成本核算方法从物质流即数量、价值流即成本两个角度核算和研究企业某个生产环节的物料流动，分析每个生产环节的排放情况与浪费的物料的成本金额，使企业的物料使用量和成本额更加清晰透明。其中，物料是指在企业的生产过程中，消耗与投入的所有物质、能源的总和，物料不仅包括传统成本会计核算中的原材料、主要材料和辅助材料、人工费用等，还包括生产过程中消耗的各种能源，如水电等，即在生产过程中物理上全部存在和使用的物质均属于物料范围。物料流量成本会计的定义为：对企业在生产经营过程中投入和消耗的所有的原材料、能源材料、人工费用及其他与生产经营相关的间接费用的成本流向进行记录与追踪，根据相关的成本核算数据，分析在生产经营过程中发生的不必要的物质资源损失及其成本，形成的分析结果有利于为企业的生产经营提供相应的改进措施，使企业的经济效益、社会效益、环境效益均衡发展。物料流量成本会计的核算原理是物质守恒定律，即在企业的生产经营过程中，需要消耗材料、能源、人力等物质，这是一个持续流动与变化的过程，然而，在整个过程中，总流量保持不变，只有流向发生变化。公式表示为：物质输入量＝物质输出正制品量＋物质输出负制品量。

2.3.2.2 企业物质流成本会计核算原理

与传统成本会计对资源费用按照一定的标准进行计量、归集、分配、核算和报告不同，物质流成本会计从物质流和价值流两个方面，记录追踪企业在资源流转过程中在各个环节的物质和价值变化，从而对物质量与价值量进行核算。物质流成本会计根据企业资源流转的过程，将其划分为不同的物量中心，根据资源输入与输出的平衡原理，结合资源的流转过程，对初始资源投入及各物量中心的输出端的正产品和负产品进行核算。

如图 2-8 所示，企业输入端投入的成本按性质的不同分为材料成本、能源成本、系统成本，输入端投入物质经过企业生产过程的各个物量中心，在输出端输出产品，一部分是资源有效利用的成本，即为合格的在产品或产成品，称为输出端正制品，一部分是资源损失成本，即为各种形式的废弃物，包括陈旧过时毁损的原材料、废弃材料、废弃的辅助材料、未售出的残次产品等，称为输出端负制品。同时，在资源流转过程中，排放的废弃物等会对生态环境造成一定的破坏，产生外部环境损失成本。传统会计核算方法存在的弊端是生产过程中排放的废弃物的实物数量与会计的货币价值是分离中断的，企业可以判断产生的废弃物数量。但是，将生产过程中的废弃物成本转入最终的产成品成本，不对其单独核算，产成品负担全部的资源消耗，难以识别其产生的环节和原因，不利于为管理者提供经营决策所需的详细会计信息。因此，企业物质流会计核算分为企业内部的物质流成本核算与外部环境损失成本核算。外部环境损失的核算需要结合环境影响评价方法，从货币价值的角度对外部环境损失进行核算，为经营管理人员提供更加详细准确的信息。

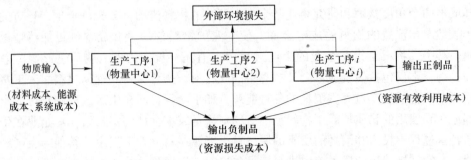

图 2-8 物质流会计的成本核算原理

2.3.3 基于 MFCA 的煤矿环境成本核算方法

MFCA 成本核算的研究对象是企业的整个生产过程中，通过对资源和能源的投入、生产、转化为产品的数量及价值和损耗的数量及价值的核算。这种方法通过跟踪资源在生产过程中的资源数量的变化，使得资源在物质流程中数量和金额两方面信息的核算成为可能。对于企业生产过程中的每一个物量中心来说，都是按照资源流转平衡原理（原材料+辅助材料+新投入物料＝输出产品+资源损失）计量资源的投入和产品的产出。对于完整的基于 MFCA 的企业环境成本核算模型来说，常常分为以下几个阶段进行核算：（1）事前准备阶段；（2）物质流数据收集和归集阶段；（3）MFCA 核算阶段；（4）资源损失造成的环境成本核算阶段；（5）企业环境成本核算。

2.3.3.1 事前准备阶段

事前准备阶段是整个核算过程的准备阶段，这个阶段所做的工作主要有：

（1）确定核算对象。企业在使用 MFCA 模型核算环境成本时，需要依据企业的生产流程及生产工艺确定核算对象。

（2）设定核算的物量中心。物量中心的划分一般将同一性质的生产流程或是同一资源成本动因的生产流程设为一个物量中心。同时，物量中心数量的设定要按照"适度性"原则，在实际核算中可以将资源、能源等消耗量大或者废弃物产生量大的流程设立为一个物量中心，对于最终产生废弃物量小甚至不产生废弃物的多个流程过程则可以结合设置成一个物量中心。

（3）确定分析核算数据的应用模型和核算期间。核算期间一般以月为核算周期，这样确定的周期是基于企业每月都在做比较平均的生产。

（4）确定收集核算数据和归集核算数据的方法。根据企业生产流程及核算模型确定核算对象。企业环境成本核算数据一方面可以去生产车间进行现场收集，还可以从企业的财务数据进行筛选，找到适合核算需要的数据。

2.3.3.2　物质流数据收集和归集阶段

根据 MFCA 理论及核算成本的分类确定需要收集的数据：物质在生产流程中流动数量数据、材料成本数据、能源成本数据、系统成本数据。收集到的数据根据企业核算前划分的物量中心，以及每个物量中心输出端正制品和资源损失两方面进行归集。MFCA 原理虽然简单，但对于企业实际操作来说，生产中使用的原料及辅助材料的复杂多样为归集各物量中心的成本带来极大难度，这也是 MFCA 方法核心工作量所在。

2.3.3.3　MFCA 核算阶段

MFCA 的核算基础是物质平衡原理，假设进入物量中心的数据都是精确的，输出端的负制品用资源损失表示，因此根据物质平衡原理可得如图 2-9 所示的核算步骤。

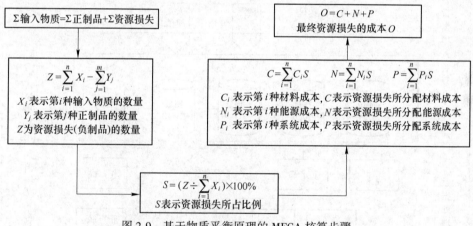

图 2-9　基于物质平衡原理的 MFCA 核算步骤

2.3.3.4　资源损失造成的环境成本核算阶段

MFCA 核算的最终目的是每个物量中心产生的负制品的数量及所分配成本，也就是资源损失的成本。而资源损失成本并不就是环境成本，但是由资源损失产生的废弃物、废气、废水等会造成环境污染，资源损失越大，对环境造成的成本越大，因此资源损失成本和环境成本二者成正相关。因此，企业不可识别环境成本的计算公式为：

$$不可识别环境成本 = k \times 资源损失成本$$

式中，k 为单位资源损失的环境成本系数，也称为转换系数，且 $k > 0$。

由于不同企业属于不同行业，对资源利用方式不同，而且企业所处周边环境的构成情况有差别。因此，通过转换系数 k 把资源损失转换成环境成本，k 值可以根据行业和特定环境特点来进行确定，环境损失总额数据和资源损失数据可以通过国家权威部门进行发布的各行业数据得到。k 可以通过以下公式计算：

$$k = 某行业环境损失总额 \div 某行业资源损失合计$$

虽然对于 k 值评估的工作量较大，但是具体到一个行业而言，相对还是比较固定的，而且会由政府相关部门定期公布，因此获取 k 值还是可行的。

2.3.3.5 企业环境成本核算

基于目前环境会计计量并披露的性质分类，将环境成本分为可识别环境成本和不可识别环境成本，因此，环境成本核算公式为：

$$环境成本 = 可识别环境成本 + 不可识别环境成本$$

结合物料流转模型及 MFCA 的核算模型，本书构建了物料流量成本会计的环境成本计量逻辑模型，可以明晰物料流动路线，描述资源的价值流动，反映环境成本计量的数据处理流程，梳理物料流量成本会计的环境成本计量思路，如图 2-10 所示。

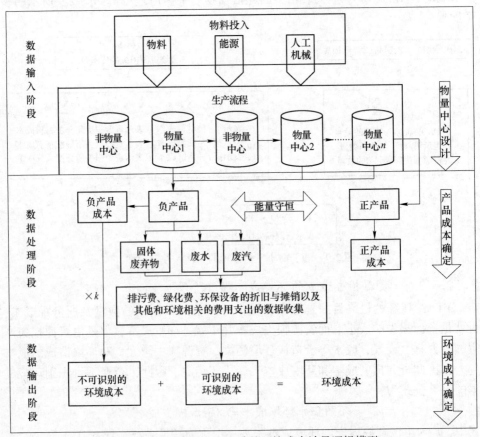

图 2-10　物料流量成本会计的环境成本计量逻辑模型

2.4 煤矿环境成本与绿色生态投入成本的关系

2.4.1 基于生态环境主动防治的矿区多维资源观

矿山资源可划分为耗竭性资源和非耗竭性资源。非耗竭性资源，也称为"可更新自然资源"，包括恒定性资源与易误用及污染的资源。耗竭性资源又分为可再生资源和不可再生资源，主要包括土地资源、地区性水资源等，其特点是可借助于自然循环和生物自身的生长繁殖而不断更新，保持一定的储量。如果对这些资源进行科学管理和合理利用，就能够做到取之不尽、用之不竭。但如果使用不当，破坏了其更新循环过程，则会造成资源枯竭。基于生态环境主动防治的矿区多维资源观，就要求我们不只把煤炭看作是资源，更把空气、土地、地下水、伴生矿产、周围环境等与煤相关构成环境生态的各种因素，都当作是一种重要的资源。

2.4.1.1 煤炭资源

煤炭资源是自然资源中的一个重要组成部分，是人类社会赖以生存和发展的重要物质基础，是矿山形成和发展的前提，煤炭资源的开采是矿山的主导产业。煤炭资源的勘探、开发规划、开采加工、消费利用，以及对煤炭资源的价值确定、产权管理和资源管理体制的改革等，都是煤炭资源开发利用的主要内容。煤炭资源高效、安全、科学的开采是矿山的核心。

2.4.1.2 伴生资源

（1）煤层气。煤层气俗称"煤矿瓦斯"，是煤系地层中以腐殖质为主的有机质，在成煤过程中形成，并以吸附和游离状态赋存于煤系岩（煤层、炭质页岩、泥岩等）中的自储式天然可燃气体，是与煤炭伴生、以吸附状态储存于煤层内的非常规天然气。在采煤过程中常作为有害气体，采用通风的方式排至地面，污染了大气环境，如果赋存量多地质条件复杂，还容易产生瓦斯突出和爆炸等安全隐患。据近些年来的研究表明，煤层气是一种洁净热效率高的新能源，热值是通用煤的 $2 \sim 5$ 倍，主要成分为甲烷，还有少量二氧化碳、一氧化碳、二氧化硫及氧化氮等气体，发热量为 $30 \sim 40MJ/m$，在燃烧中基本上不会产生烟尘，二氧化硫排放量也比煤炭燃烧低得多，并且价格低廉。现在的瓦斯抽放技术已经相对成熟，能够很好地对煤层气进行开发和利用，这样既消除了采煤安全隐患，又避免采煤中被当作废气排至地面浪费了资源又污染了环境。

（2）煤矸石。煤矸石是在煤的掘进、开采和洗选过程中排出的固体废物。据统计，煤矸石排放量占原煤产量的 $10\% \sim 15\%$。这些煤矸石数量巨大，堆积如山，广布于各采煤矿区。煤矸石具有双重性，弃之占压土地，并污染环境；用之则可变废为宝，成为不可再生的自然资源，造福于人民。煤矸石作为一种二次资源，其利用途径越来越广阔，可以作为充填物回填井下以节省大量的水泥和混凝土，可以从煤矸石中洗选出达到一定热量标准的煤用于矸石发电，同时可以制造建筑材料，等等。

（3）高岭土。煤系高岭土是生产铝盐产品的优良原料。我国煤系高岭土资源十分丰富，已探明储量为 16.73 亿吨，均为大中型矿床，具有很高的开发价值。

（4）石墨。煤系共伴生的石墨不仅储量大，而且品位高，已探明的总储量为 1.36 亿吨。

（5）井下热能。井下热能是指煤炭在开采过程中，大量的地热能、设备的热耗和煤炭的自发热量等，这些热能使井下的空气温度很高，作业环境比较差，为了改善作业环境，只能增大通风量，使得井下回风巷道的空气，富含大量的热能，被直接排放到地面的大气中，造成资源的无谓浪费。采用风源热能提取或水源热能提取技术可以很好地回收这些热能，既节约了资源又能改善工人的作业环境。

（6）粉煤灰。粉煤灰是燃煤电厂排出的固体废弃物，粉煤灰是我国当前排量较大的工业废渣之一。大量的粉煤灰如果不加处理，就会产生扬尘，污染大气，若排入水系会造成河流淤塞，而其中的有毒化学物质还会对人体和生物造成危害。如果及时的处理和利用粉煤灰，可将其作为非常有用的资源用于诸多领域，包括烧结粉煤灰砖、蒸压粉煤灰砖、粉煤灰陶粒、粉煤灰混凝土等，还可以从中提取二氧化硅和氧化铝。

2.4.1.3　水资源

水资源是指在目前技术和经济条件下，比较容易被人类利用的补给条件好的那部分淡水量。水资源包括土壤水、大气水、河川水和矿井水等。煤矿矿井水主要来源于地下水，包括地面渗透水和岩石裂隙水等，中国煤矿的矿井水中普遍含有以煤粉和岩粉为主的悬浮物，以及可溶的无机盐类，有机污染物很少，一般不含有毒物质，放射性指标在低放射水平，全国煤矿矿井水年排放量约为 22 亿吨，而矿井水的资源化利用率仅在 20% 左右，大量未经处理的矿井水直接排放，不仅污染了环境，而且浪费了宝贵的矿井水资源，我国煤矿企业多分布在干旱和半干旱地区，水资源较贫乏，约 2/3 的煤矿缺水和严重缺水，生产和生活用水紧张，在相当程度上制约了煤炭生产和矿区经济的可持续发展。煤矿矿井水是一种具有行业特点的污染源，也是一种宝贵的资源，可以在处理后作为煤矿井下生产用水、地面工业用水和生活用水。科学的保水开采技术和矿井水处理技术将过去的作为污染源的矿井水变废为宝循环利用，在满足工业生产生活用水的同时保护了环境，提高了企业经济效益，符合采矿工业可持续发展的要求。

2.4.1.4　土地资源

土地是地球陆地表面部分，是一种可持续利用的综合性自然资源，是人类生活和生产活动的主要空间场所，也是人类赖以生存和繁衍的最基本的生产资料和最重要的劳动对象。它不仅是各行各业的生产活动的地基和空间，而且直接参与农产品的形成，维持人类生存所需的食物大多直接或间接来自土地，许多工业原料和部分能源也是从土地上获得的。然而，矿山的开采和废弃物的堆放改变了矿区内以及周边地区水体、土壤等环境的初始条件，破坏了区域内营养元素的循环与更新，从而对矿区土地资源造成了严重损害，我国又是土地资源极其匮乏的国家，人均耕地占有量只有 0.11hm^2，不到世界人均耕地面积的 1/2，这无疑加重了我国人多地少的矛盾。煤炭生态产业建设要充分重视土地资源，尽量少占用土地及农田，减少对地表土地的破坏，破坏后要及时复垦和重构。我国土地复垦和生态重建等方面科研取得了丰硕成果，在工程措施复垦、生物措施方面形成了一套完整的技术体系，为土地资源的保护和循环利用提供了技术支撑。

2.4.1.5　生物资源

生物资源是在目前的社会经济技术条件下人类可以利用与可能利用的生物，是自然资源的有机组成部分，是指生物圈中对人类具有一定经济价值的动物、植物、微生物有机体以及由它们所组成的生物群落。生物资源包括的基因、物种以及生态系统，对人类具有一定的现实和潜在价值。然而矿山剧烈的开采与建设活动造成生物的生存环境或栖息地被破坏，使得矿区生态系统原有的大面积连续的生物环境被人为分割成许多面积较小的不规则板块，甚至是完全消失，限制了生物的活动范围，影响了生物生存活力，导致生物多样性受损，某些生物减少甚至灭绝，所以对生物资源的保护也是煤炭生态产业建设的必然要求。

2.4.2　煤矿绿色生态投入成本与环境成本的关系模型

上述分析表明，煤矿绿色生态投入成本、社会隐性环境成本和总体环境成本都与资源损失密切相关，它们之间存在着复杂的相互关系。因此，将以资源损失率为媒介，建立煤矿绿色生态投入成本与环境成本的关系模型。

2.4.2.1　环境成本与资源损失率的关系模型

一般情况下，在企业投入资源、使用资源与产出资源过程中，资源损失越小，对外部环境的破坏也就越少。而从环境成本的构成内容上看，与资源损失相关的成本占到环境成本总额的大部分，因此，控制资源损失能够有效控制企业的环境成本，资源损失的最小化是环境会计控制体系的具体目标。为了实现这个具体目标，企业需要进行全过程的资源损失控制，从资源投入的开始要控制资源投入的总量与结构，在使用资源过程中控制资源的使用效率，而在资源产出中控制流出企业的无效资源。基于目前环境会计中计量并披露的性质不同，把环境成本分为两个部分，一是可识别环境成本，即在目前环境会计中能够准确计量并披露的环境成本，一般包括环境保护资本支出的折旧与摊耗、排污费、资源费、绿化费、认证费用以及其他与环境相关的可以客观量化的支出。二是不可识别环境成本，即目前环境会计还无法进行计量和披露的环境成本，这部分环境成本多数是企业外部性成本，如企业对大气污染所造成的损失，排放污水以及排放有害废弃物对周边环境所造成的损失。由于这些成本在计量方面存在着很大的困难，因此，在账面上无法反映这些成本，换句话说，企业并不承担这部分成本。但从环境成本构成情况来看，第二部分环境成本占全部环境成本的绝大部分，因此，关于第二部分环境成本计量及优化问题是必须要解决的问题。

对于多数企业而言，把环境成本降低到零几乎是不可能的，但把环境成本逐步降低则是可能的。通过持续改进把环境成本保持在一个较低水平，那么对企业来说环境控制就取得了较好的控制效果。而综观环境成本的构成，降低资源损失是持续降低环境成本的关键。因此，环境成本优化问题的关键是持续降低总的环境成本，持续降低环境成本的关键则是降低资源损失。

假设某一个企业生产工艺较为简单，拥有连续直线生产的生产线，具有 n 个前后顺序不能颠倒的作业组成（图2-11）。I 代表资源的投入，假设所有资源在开始时一次投入，x 代表每个作业后的资源损失比例（$0<x<1$）。假设每个作业的资源损失比例都一样，O 代表最后一个作业后剩余资源的产出，w 代表单位排污量处理费用。

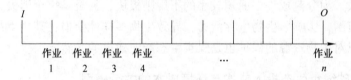

图2-11 作业流程图

针对一个连续直线生产、有固定作业顺序的完整生产过程，计算每一步作业的资源剩余和损失：

作业1：资源剩余 $=I(1-x)$

资源损失 $=Ix$

作业2：资源剩余 $=I(1-x)^2$

资源损失 $=I(1-x)CI(1-x)^2=Ix(1-x)$

作业3：资源剩余 $=I(1-x)^3$

资源损失 $=I(1-x)^2-I(1-x)^3=Ix(1-x)^2$

$\vdots$

作业 n：资源剩余 $=0=I(1-x)^n$

资源损失 $=I(1-x)^{n-1}-I(1-x)^n=Ix(1-x)^{n-1}$

计算资源总损失：

$$\sum_{t=2}^{n} I(1-x)^{t-1} = I - O = I[1 - (1-x)^n]$$

计算总环境成本：

第一部分环境成本 $C_1 = \lambda I x (1-x)^{n-1} w$

（该企业在该生产过程中需要控制排污费）

第二部分环境成本 $C_2 = kI[1 - (1-x)^n]$

总环境成本 $C = C_1 + C_2 = C + kI[1 - (1-x)^n]$ (2-1)

式中 $\lambda (0 \leqslant \lambda \leqslant 1)$——资源损失中有多少比例被征收了排污费；

w——单位排污量处理费用；

k——单位资源损失的成本。

对环境成本的优化主要对 x 进行控制，当 $x=0$，即资源一点都不损失，环境成本为零，这是最理想的情况，也是企业进行环境控制的方向（但通常情况下是难以达到的，一般能够将资源的损失比例降到一定低位，从而优化环境成本）。那么，对式（2-1）取一阶导数，并令其等于零，可得：

$$C' = \lambda I(1-x)^{n-1} w - \lambda I x (n-1)(1-x)^{n-1} w + kIn(1-x)^{n-1} = 0$$
$$(\lambda Iw + kIn)(1-x)^{n-1} - \lambda I x (n-1)(1-x)^{n-1} w = 0$$

进一步化简计算，求得资源损失比例 x 的计算式：

$$x = kn - \lambda wn / \lambda w + kn$$

降低环境成本主要从降低资源损失入手，x 取值越小越理想，这样能够优化资源的回收比例，促进对企业环境污染行为的有效控制。因此，进行环境成本的优化实际上就是对资源回收比例的优化，将资源损失率持续改进到一个最优的数值。

2.4.2.2 基于资源损失率的绿色生态投入与环境成本的关系模型

从经济学的角度，环境投入的原则是把有限的人力、物力进行合理的投入，最大限度地发挥环境投入的作用，减少煤炭开采的资源损失，以最少的绿色生态投入实现最低的整体环境成本。1-10-100 法则告诉我们，如果在产品设计、生产流程阶段解决环境问题，只需付出 1 份的代价；如果在上升为内部失败成本阶段解决，则需要付出 10 份的代价；如果在上升到外部失败成本时解决，企业将付出 100 份的代价。1-10-100 表明，想要控制环境成本支出，就必须从源头开始控制，比如产品的设计、生产工艺的选择、原材料的选择等，尽可能将环境影响问题控制在污染产生之前，体现预防控制的思想。环境投入的经济原则实际上就是最优化原则，即企业支付的环境成本与社会隐性环境成本之和最低。

基于生态环境主动防治的矿区多维资源观，煤矿绿色生态投入成本是指为降低资源损失成本，提高资源利用效率与资源回收率，煤炭企业大力推广和实施清洁生产技术，对各种形式的废弃物进行综合利用，培养企业员工树立绿色生态环保意识，进行废弃物的治理等保护生态环境的活动而进行投入的各项成本费用。

从社会整体效益的角度，煤炭企业环境成本控制行为不仅要实现经济效益的目标，还要实现社会效益目标。煤炭企业在进行绿色生态投入决策时，应该充分考虑绿色生态成本投入的边际收益，即每增加一单位的绿色生态投入成本而减少的社会环境治理成本的成本量，寻找环境保护成本投入与社会环境治理成本之间的最佳结合点。损失率功能表现在"减损"和"增费"。"减损"是指降低损失率能直接降低社会隐性环境成本，减少对人、社会、企业和自然造成的损害，实现环境的保护。"增费"是指为了降低损失率需要投入更多的环境投入，增加企业支付环境成本。其相互作用关系可以用函数表示如下：

$I(x)$ 表示煤矿的绿色生态投入成本（企业支付的环境成本）与损失率的函数

$$I(x) = b\exp(a/x) + I_0$$
$$a > 0,\ b > 0,\ I_0 < 0 \qquad (2\text{-}2)$$

$C(x)$ 表示社会隐性环境成本与损失率的函数

$$C(x) = d\exp(-fx)$$
$$d > 0,\ f > 0 \qquad (2\text{-}3)$$

式（2-2）和式（2-3）中，a、b、d、f、I_0 均为统计常数。

如图 2-12 所示，社会隐性环境成本与损失率的函数 $C(x)$ 是一条向右上方倾斜的曲线，它随着损失率的增加而不断增加，当损失率达到 100% 时，曲线趋于平缓，其最大值取决于环境系统本身的承载力。绿色生态投入成本（企业支付的环境成本）与损失率的函数 $I(x)$ 是一条向右下方倾斜的曲线，它随着企业支付的环境成本的增加而不断减少。

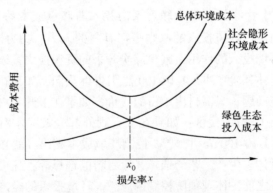

图 2-12　环境成本最优化模型

由上述分析及图 2-12 可以看出，企业绿色生态投入成本与损失率成反方向变动，然而随着绿色生态投入成本（企业支付的环境成本）的增加，根据边际效用递减原则，损失率的降低呈现减速下降趋势。然而，损失率的增加对于隐性成本的增加有明显的放大效应,因为资源损失的增加将加剧对环境的破坏,如果损失率上升一定的程度,将对环境造成巨大不可逆损失,该损失率对社会隐性环境成本产生重大影响。从图中可以看出来,两条曲线的交点便是最优企业绿色生态投入成本以及对应的损失率,即企业以较低的绿色生态投入成本,最终实现企业环境投入(绿色生态投入成本)与社会隐性环境损失成本的最优结果,其对应的损失率便是最优损失率。

2.5　小结

在吸收借鉴生态环境价值理论、外部性理论、工业生态学理论、循环经济理论、可持续发展等理论的基础上,系统研究了煤矿绿色生态投入的基本理论,从环境污染被动治理—生态环境主动防治—保障泛利益相关者的生存权利三个层面,分别界定煤矿绿色生态投入的内涵,明确了煤矿绿色生态投入的意义和目标。立足生态环境主动防治维度,从多维资源观角度借鉴物质流转成本会计的计量方法,以资源回收率为媒介,建立了环境成本与绿色生态投入的关系模型。

3 基于 DEA 的煤矿绿色矿山建设投入效率评价

3.1 绿色矿山建设投入的界定

3.1.1 矿山建设目标的演变

煤炭生态产业建设实质上是煤炭工业发展方式转变的要求，其根本核心就是要以实现安全、高效、生态为综合目标的全面性科学化建设。我国煤炭工业从过去传统的"要多少，产多少"的简单化、粗放式的市场需求性生产模式，到1992年高产高效矿井建设的提出，再到2006年安全高效矿井建设的提出，接着到2010年，在原有安全高效的基础上又提出了绿色生态安全高效的矿井发展模式。绿色开采、煤炭生态产业建设是煤炭资源科学开采和生态环境协调统一的煤炭经济发展模式。核心是以科学产能为依据，以提高资源回收率为目标，推进资源开发与环境保护一体化，以最小的生态环境扰动，获取最大的资源回收和经济社会效益。实施途径是从源头控制、过程管理、采后治理各个环节，树立绿色开采理念、尊重自然、保护生态，发展先进适用技术和装备，实现开采方式科学化、资源利用高效化、企业管理现代化、矿山环境生态化，提升煤炭工业发展的科学化水平，以实现矿山安全、高效、生态的综合目标。图 3-1 反映了矿山生态

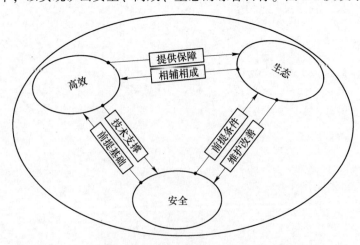

图 3-1 煤炭生态产业建设的安全、高效、生态关系模型

建设的安全、高效、生态关系模型。其中矿山的安全生产是矿山的高效运作和生态保护的前提基础，为煤矿的高效化开采、高能效利用、低破坏、低扰动的生态化提供基本保障。高效是煤炭生态产业建设目标的保障，达到高效化开采，能源利用高效率都是为煤炭生态产业的建设提供技术支持，科学的、合理的利用技术、提高机械化、智能化、信息化水平既能更好地为安全保驾护航，又能为矿山的生态建设起到支撑作用。生态建设是矿山得以可持续发展的根本要求，是矿山建设的高级目标。矿山的生态和环境保护能够让矿山的安全得以更好地保障，特别是职工的生命安全、生活品质和生活环境得以维护改善，而且能够和煤矿的高效化生产、能源的高效化利用相辅相成。

3.1.2 绿色矿山建设的要素

（1）安全是煤炭生态产业建设的基础。安全是保障煤炭工业稳定、健康发展的根本保证，是关系煤矿员工生命安全和身心健康，关系国家和企业财产不受损失的头等大事。安全是矿山一切生产活动的前提基础，安全生产是煤炭企业的生命线、幸福线。没有安全，就没有生产、没有效益、没有矿区的稳定发展和职工个人的家庭幸福。安全开采的内涵是按照"以人为本"科学发展观的要求，通过持续加大安全投入，采用先进的安全技术和监测、管理手段，实现事故发生率低、职业病发病率低、职业安全健康有保障的安全发展。

（2）高效是煤炭生态产业建设的保障。高效开采的内涵是按照科学程序和方法，通过各种先进机械在特定地质条件下的配套使用，大幅提高煤炭开采的机械化程度，实现全员效率高、生产信息化与智能化程度高、装备适应能力强的开发模式，它为煤炭生态产业建设提供重要保障。

（3）生态是煤炭生态产业建设的愿景。生态绿色开采的内涵是按照环境友好的发展要求，通过控制开采、保水开采技术、矸石井下充填与地面加固技术、土地复垦技术、矿井瓦斯抽采技术、煤炭地下汽化技术等的综合利用，改变传统采煤工艺造成的突出生态与环境问题，在实现煤炭资源高采出率的同时，大幅减轻煤炭开采对生态环境的破坏，使环境资源得到最优配置，与自然之间建立起复合的生态平衡机制，这是煤炭生态产业建设的愿景和目标。

目前，学术界对绿色矿山建设投入的研究主要分为绿色矿山建设投入效率评价指标体系的构建以及实证分析两种。其中，绿色矿山建设投入效率评价指标体系主要从生产性投入、生态治理投入、节能减排投入、科技投入、安全投入、法制建设投入、人文投入八个方面进行构建，它基于前人对煤炭绿色矿山的研究成果，并结合煤炭企业建设绿色矿山过程中的实践经验。如表3-1所示。

表 3-1 绿色矿山建设投入

生产性投入	节能、减排投入	创新投入	法制建设投入
生态治理投入	科技投入	安全投入	人文投入

绿色矿山是指在科学发展观的指导下，坚持以人为本、绿色开采、发展循环经济、提高安全生产水平和生产效率，将矿山建设成为安全、高效、生态的新型矿山。因此，本书认为对绿色矿山建设的投入主要包括安全、高效、生态三个方面。而要想实现煤炭矿山安全、高效、生态的目标，也必须依靠科技进步作为支撑，这样才能实现煤炭企业的提高生产效率、安全生产水平、资源的高效利用以及改善矿区生态环境的总目标。在实践中，煤炭企业的科技投入也多用来研发新的生产技术工艺、环保节能技术、安全技术以及矿区生态环境治理的新技术。因此，本书将煤炭企业的科技投入作为衡量企业在安全、高效、生态投入的一部分。

3.2 数据包络分析（DEA）

数据包络分析（DEA）可以看作是一种统计分析的新方法，是用来评价具有多个投入、特别是具有多个产出的生产部门相对有效的一种理想方法。它的基本思路是把每个评价单位作为一个决策单元，根据一组关于输入—输出的观察值来估计有效生产前沿面，借此判定决策单元是否位于有效生产前沿面上，同时也可以获得许多有用的管理信息。

3.2.1 DMU 数量选择

数据包络分析是一种基于非参数估计的分析方法，对 DMU 的数量要求较少。一般来说，DMU 的数量不应该少于输入和输出指标个数的乘积，同时不少于输入和输出指标个数的 3 倍。

但是这只是一个粗略的指导性原则，具体还要根据数据包络分析的数据结果来衡量。例如，汪文生等（2013）选择了我国 8 家煤炭上市公司作为研究对象，以这 8 家公司 2011 年的研发投入、安全生产累计投入、节能减排投入为三个输入指标，以煤炭生产能力、百万吨死亡率、绿化覆盖率为三个输出指标，运用数据包络分析（DEA）对我国煤炭企业绿色矿山效率进行了研究。根据本书数据处理的结果来看，不存在全部或者大部分 DMU 都有效的情况，因此本书选择的 DUM 的数量能够满足研究的需要。

3.2.2 投入、产出指标选择及特殊指标的处理

DEA 不要求一定要做输入指标或者输出指标之间的相关性分析，共线性的存在也不会导致错误的分析结果。但是，从生产可能集的角度考虑，DEA 模型

的输入指标和输出指标要大致满足输入指标能够产出输出指标的条件。本书选择的投入和产出指标都是基于前人的研究成果以及煤炭企业在绿色矿山建设的过程中的实践经验上构建的。因此，本书选择的输入和输出指标符合投入、产出指标的选择要求。

对于坏产出指标，可以通过将坏产出指标表示成正向产出指标来处理。因此，为了数据处理方便，本书将输出指标"百万吨死亡率"转化为安全生产效率（安全生产效率=1-百万吨死亡率）进行处理；将原煤生产综合能耗取倒数处理，这对模型最后的结果不会造成影响。

根据数据包络分析的特点，为了使分析结果更加可靠，需要保证输入和输出指标的数量级不存在太大差异，因此本书对输入和输出指标的数量级进行了调整。

3.2.3 模型导向的选择

按照对效率的测量方式，DEA 模型可以分为投入导向、产出导向和非导向三种。投入导向模型是从投入的角度对被评价的生产决策单元的无效率程度进行测量，关注的是在不减少产出的条件下，要达到技术有效的各项投入应该减少的程度；产出导向模型是从产出角度对被评价的生产决策单元的无效率程度进行测量，关注的是在不增加投入的条件下，要达到技术有效的各项投入应该增加的程度；非导向模型则是同时从投入和产出两个方面进行测量。从管理的角度来考虑，如果把减少投入或者作为对无效单位提高效率的主要途径，应该选择投入导向模型，如果把增加产出作为提高效率的主要途径，则应选择产出导向模型。

3.3 指标选择与数据来源

3.3.1 数据来源

本书对 2013 年中国 9 家煤炭企业上市公司的煤矿绿色矿山建设投入效率进行 DEA 分析。本书所选取的样本均是中国煤炭一百强企业和全国煤炭工业社会责任报告发布优秀企业，所需数据均来自各个煤炭企业上市公司 2013 年年报、社会责任报告和企业其他公开资料，这些企业在一百强中排名靠前，比较重视绿色矿山建设和相关数据统计、信息披露。因此数据是真实可靠的，对煤矿绿色矿山建设投入效率具有很强的代表性。

3.3.2 指标选择

根据上文对煤炭企业绿色矿山建设投入的界定，本书建立了衡量煤炭企业绿色矿山建设投入和建设效率的投入指标以及评价指标体系。

3.3.2.1 投入指标

绿色矿山建设投入指标，如表 3-2 所示。

表 3-2 绿色矿山建设投入指标

一级指标	生态投入			科技投入	安全投入	高效投入
二级指标	生态治理投入	节能投入	减排投入			

根据上文对绿色矿山建设的研究和分析，本书拟选择煤炭企业生态治理投入、节能投入、减排投入三个方面的投入来衡量绿色投入。考虑数据的可得性和适用性，本书通过企业的年报以及其他权威资料来确定企业在各个方面的投入金额。

（1）生态投入：在数据收集的过程中，发现煤炭企业绿色环保的相关数据存在以下问题：第一，煤矿矿区生态环境方面的数据资料匮乏。由于现行会计制度仅仅是对企业的经营过程中的经济活动进行记录和管理，企业对外披露的信息仅限于企业的财务状况和经营成果相关信息，缺乏对矿区生态环境方面的信息的披露。第二，企业对外披露的信息质量低。由于煤炭企业对绿色矿山建设的内涵理解和建设方式不同，对外披露的信息口径不统一，披露的内容很多也仅仅局限于本企业在绿色矿山建设过程中取得的业绩，向外披露的信息不够充分，定量数据较少。第三，只有冀中能源对节能投入和减排投入的金额进行了披露。因此，只能用煤炭企业年报中披露的计提"矿山环境恢复治理保证金"作为衡量绿色投入的指标。

（2）科技投入：拟采用煤炭企业年报中披露的"研发支出"作为衡量指标。

（3）安全投入：拟采用煤炭企业年报中披露的计提"安全费和维检费"作为衡量指标。

（4）高效投入：干存银（2012）对我国煤炭行业上市公司的资本结构与经营绩效进行了回归分析，结果表明二者存在正相关关系。干存银认为，煤炭企业固定资产规模与企业经营绩效正相关。因此，本书选择煤炭企业固定资产的账面价值来衡量煤炭企业在高效方面的投入进行实证研究。

3.3.2.2 评价指标

绿色矿山建设效率评价指标，如表 3-3 所示。

表 3-3 绿色矿山建设效率评价指标

生 态				安全	高效
绿化率	原煤生产综合能耗	采区回采率	矿井水综合利用率	百万吨死亡率	营业收入

通过对数据的整理，只有 9 家煤炭企业上市公司在对绿色矿山建设成果披露较为详细。同时，只有极少数企业对绿化率、原煤生产综合能耗进行了披露，因此只能选择"采区回采率""矿井水综合利用率"作为煤炭企业绿色矿山建设的评价指标进行实证研究。

绿色矿山建设效率评价输出指标，如表3-4所示。

表3-4 绿色矿山建设效率评价输出指标

DMU	输出指标			
	生 态			
	绿化率/%	原煤生产综合能耗倒数	采区回采率/%	矿井水综合利用率/%
冀中能源		0.12	93.80	77.35
潞安环能		0.15	91.00	68.00
昊华能源		0.2	84.95	100.00
平煤集团		0.19	80.00	80.00
山煤国际	20.00		97.00	80.00
山西兰花科技	47.00			
陕西煤化工				
神华集团		0.41	87.76	55.24
西山煤电			85.00	100.00
兖州煤业			81.17	95.00
中煤能源			88.80	82.40

因此，综合考虑数据可得性、代表性后，本书最终选择了神华集团、潞安环能等9家煤炭企业上市公司2013年的相关数据进行研究，结合数据包络分析的特点，对数据整理如表3-5和表3-6所示。

表3-5 绿色矿山建设效率评价输入指标

DMU	输入指标/万元			
	生态投入	科技投入	安全投入	高效投入
	计提矿山环境恢复治理保证金	研发支出	计提安全费和维检费	固定资产账面价值
冀中能源	703.76	10649.65	102663.1	1411406.78
潞安环能	19637.64	75541.94	177075.06	170141.29
昊华能源	2350	20731.36	22551.34	290916.91
平煤集团	6545.46	48943.31	250564.34	974398.7
山煤国际	4837.87	6774.24	26201.34	865146.8
神华集团	938	153900	550800	11857100
西山煤电	15440.05	26506	137401.74	2071388.55
兖州煤业	681.6	27720.2	106932.4	2415841.1
中煤能源	6177.7	15600.5	250625.8	5247548.4

表 3-6 绿色矿山建设效率评价输出指标

DMU	输出指标			
	生态		安全	高效
	采区回采率/%	矿井水综合利用率/%	(1-百万吨死亡率)/%	营业收入/万元
冀中能源	93.8	77.35	94.7	2583369.86
潞安环能	91	68	91.9	1919996.63
昊华能源	84.95	100	83.3	727411.56
平煤集团	80	80	100	1915197.25
山煤国际	97	80	100	8132856.26
神华集团	87.76	55.24	99.42	22934200
西山煤电	85	100	100	2950013
兖州煤业	81.17	95	100	5640182.6
中煤能源	88.8	82.4	100	8231648.2

3.4 基本模型介绍

根据本书的研究目的、数据类型以及 DEA 模型的特点分析，本书选用投入导向型 CCR 模型和 BCC 模型对煤矿绿色矿山建设投入效率进行分析。模型基本原理如下：

假设对 n 个部门的技术效率进行测度，每个需要测度的部门称为决策单元（Decision Making Unit，DMU），记为 DMU_j（$j=1, 2, \cdots, n$）；每个 DMU 有 m 种投入，记为 x_i（$i=1, 2, \cdots, m$）；q 种产出，记为 y_r（$r=1, 2, \cdots, q$）。当前要测量的 DMU 记为 DMU_k，其产出投入比率表示为：

$$h_k = \frac{u_1 y_{1k} + u_2 y_{2k} + \cdots + u_q y_{qk}}{v_1 x_{1k} + v_2 x_{2k} + \cdots + v_m x_{mk}} = \frac{\sum_{r=1}^{q} u_r y_{rk}}{\sum_{i=1}^{m} v_i x_{ik}} \quad (v \geqslant 0;\ u \geqslant 0) \quad (3-1)$$

将所有 DMU 采用上述权重得出的效率值 θ_j 限定在 $[0, 1]$ 的区间内，即

$\dfrac{\sum\limits_{r=1}^{q} u_r y_{rj}}{\sum\limits_{i=1}^{m} v_i x_{ij}} \leqslant 1$，其线性规划模型表示为：

$$
\begin{cases}
\max \dfrac{\sum\limits_{r=1}^{q} u_r\, y_{rk}}{\sum\limits_{i=1}^{m} v_i\, x_{ik}} \\[4ex]
\text{s. t}\begin{cases}
\dfrac{\sum\limits_{r=1}^{q} u_r\, y_{rj}}{\sum\limits_{i=1}^{m} v_i\, x_{ij}} \leqslant 1 \\[4ex]
v \geqslant 0;\ u \geqslant 0;\ i=1,2,\cdots,m;\ r=1,2,\cdots,q;\ j=1,2,\cdots,n
\end{cases}
\end{cases}
\tag{3-2}
$$

这是一个分式规划问题，利用 Charnes–Cooper 变换，令 $t = \dfrac{1}{\sum\limits_{i=1}^{m} v_i\, x_{ik}}$，再令

$\mu = tu$，$\nu = tv$ 可变为等价的线性规划模型

$$
\begin{cases}
\max \sum\limits_{r=1}^{q} \mu_r\, y_{rk} \\[2ex]
\text{s. t}\begin{cases}
\sum\limits_{r=1}^{q} \mu_r\, y_{rj} - \sum\limits_{i=1}^{m} \nu_i\, y_{ij} \leqslant 0 \\[3ex]
\sum\limits_{i=1}^{m} \nu_i\, x_{ik} = 1 \\[3ex]
\nu \geqslant 0;\ \mu \geqslant i=1,2,\cdots,m;\ r=1,2,\cdots,q;\ j=1,2,\cdots,n
\end{cases}
\end{cases}
\tag{3-3}
$$

模型（3-3）的对偶规划模型为：

$$
\begin{cases}
\mathrm{Min}\,\theta \\[2ex]
\text{s. t}\begin{cases}
\sum\limits_{j=1}^{n} \lambda_j\, x_{ij} + s_i^{-} = \theta\, x_{ik} \\[3ex]
\sum\limits_{j=1}^{n} \lambda_j\, y_{rj} - s_i^{+} = y_{rk} \\[3ex]
\lambda \geqslant 0;\ i=1,2,\cdots,m;\ r=1,2,\cdots,q;\ j=1,2,\cdots,n
\end{cases}
\end{cases}
\tag{3-4}
$$

对偶模型（3-4）中，λ 表示 DMU 的线性组合系数，模型的最优解 θ^* 代表效率值，θ^* 的范围为 $(0,1]$。若存在最优解满足 θ^*、s^{*-}、s^{*+} 满足 $\theta^* = 1$，且 $s^{*-} = s^{*+} = 0$，则 DEA 有效。同时可以运用上述模型求得最优解 λ^*，从而分析决策单元的规模收益。上述模型假设企业在规模不变的情况下进行经营，得出

的 θ^* 为总技术效率，它又包括纯技术效率和规模效率。为计算纯技术效率，在模型中加入约束条件 $\sum_{j=1}^{n} \lambda_j = 1 (\lambda \geqslant 0)$ ，从而得到 BCC 模型：

$$
\text{s. t} \begin{cases} \text{Min}\theta \\ \sum_{j=1}^{n} \lambda_j x_{ij} + s_i^- = \theta x_{ik} \\ \sum_{j=1}^{n} \lambda_j y_{rj} - s_i^+ = y_{rk} \\ \sum_{j=1}^{n} \lambda_j = 1 \\ \lambda_j \geqslant 0, \ s_i^- \geqslant 0, \ s_i^+ \geqslant 0, \ \theta \ 自由 \\ i = 1, 2, \cdots, m; \ r = 1, 2, \cdots, q; \ j = 1, 2, \cdots, n \end{cases} \quad (3\text{-}5)
$$

利用上述模型可求得最优解 λ^* ，对特定的决策单元进行规模收益分析，若 $\sum_{j=1}^{n} \lambda^* > 1$ ，则规模收益递减；若 $\sum_{j=1}^{n} \lambda^* = 1$ ，则规模收益不变；若 $\sum_{j=1}^{n} \lambda^* < 1$ ，则规模收益递增。

利用投影原理，对 DEA 无效的决策单元的输入和输出进行改进，使其达到 DEA 有效。改进的方法如下：

$$
\begin{cases} x_j^* = \theta x_j - S^- \\ y_j^* = \theta y_j + S^{+*} \end{cases}
$$

3.5　绿色矿山建设投入效率测算结果

本书采用 MaxDEA Pro 6.0 软件对绿色矿山建设投入效率进行 DEA 分析，根据软件对数据格式的要求，将所要分析的数据整理如表 3-7 所示。

表 3-7　2013 年中国 9 家煤炭上市公司绿色矿山建设投入情况

上市公司	生态投入/百万元	科技投入/百万元	安全投入/百万元	高效投入/亿元	矿井水综合利用率/%	回采率/%	安全生产率/%	营业收入/亿元
冀中能源	7.04	106.50	1026.63	141.14	77	94	95	258.34
潞安环能	196.38	755.42	1770.75	17.01	68	91	92	192.00
昊华能源	23.50	207.31	225.51	29.09	100	85	83	72.74
平煤天安	65.45	489.43	2505.64	97.44	80	80	100	191.52
山煤国际	48.38	67.74	262.01	86.51	80	97	100	813.29
神华集团	9.38	1539.00	5508.00	1185.71	55	88	99	2293.42
西山煤电	154.40	265.06	1374.02	207.14	100	85	100	295.00

续表 3-7

上市公司	生态投入 /百万元	科技投入 /百万元	安全投入 /百万元	高效投入 /亿元	矿井水综合 利用率/%	回采率 /%	安全生 产率/%	营业收入 /亿元
兖州煤业	6.82	277.20	1069.32	241.58	95	81	100	564.02
中煤能源	61.78	156.01	2506.26	524.75	82	89	100	823.16

3.6 DEA 结果分析

3.6.1 有效性分析

本书采用 MaxDEA Pro 6.0 软件对表 3-7 中的数据进行 DEA 分析，分析结果如表 3-8 所示。

表 3-8 2013 年中国 9 家煤炭上市公司绿色矿山建设投入 DEA 分析

DMU	总技术效率	纯技术效率	规模效率	规模收益
冀中能源	1	1	1	不变
潞安环能	1	1	1	不变
昊华能源	1	1	1	不变
平煤天安	0.4639	0.8879	0.5225	递减
山煤国际	1	1	1	不变
神华集团	1	1	1	不变
西山煤电	0.4305	1	0.4305	递减
兖州煤业	1	1	1	不变
中煤能源	0.7126	1	0.7126	递减

（1）通过投入导向型 CCR 模型的计算可以看出，平煤天安、西山煤电和中煤能源总技术效率值小于 1，是 DEA 无效的（其中西山煤电总技术效率值最低，为 0.4305），其余的煤炭上市公司总技术效率值都等于 1，为 DEA 有效。在 9 家煤炭上市公司中，只有平煤天安的纯技术效率小于 1，说明平煤天安可以通过引进新的生产技术和设备来提高其效率值。

（2）通过 BCC 模型的计算可以看出，平煤天安的投入效率值有所增加，这表明平煤天安可以通过改进其规模提高其效率状况。

（3）从规模收益的情况来看，平煤天安、西山煤电和中煤能源 3 家煤炭上市公司规模收益递减的，为规模无效。其余 6 家煤炭上市公司规模收益不变，为规模有效。这说明平煤天安、西山煤电和中煤能源可以通过减小企业的规模来改进其 DEA 效率状态。

3.6.2 投影值分析

煤炭上市公司 DEA 投影值分析，见表 3-9。

表 3-9 煤炭上市公司 DEA 投影值分析

DMU	生态投入/百万元	投影值/百万元	改进幅度/%	科技投入/百万元	投影值/百万元	改进幅度/%	安全投入/百万元	投影值/百万元	改进幅度/%	固定资产/亿元	投影值/亿元	改进幅度/%
昊华能源	23.50	0.0	0.0	207.31	0.0	0.0	225.51	0.0	0.0	29.09	0.0	0.0
冀中能源	7.04	0.0	0.0	106.50	0.0	0.0	1026.63	0.0	0.0	141.14	0.0	0.0
潞安环能	196.38			755.42			1770.75			17.01		
平煤集团	65.45	−35.1	−53.6	489.43	−269.1	55.0	2505.64	−2212.9	−88.3	97.44	−52.2	−53.6
山煤国际	48.38			67.74			262.01			86.51		
神华集团	9.38	0.0	0.0	1539.00	0.0	0.0	5508.00	0.0	0.0	1185.71	0.0	0.0
西山煤电	154.40	−102.8	−66.6	265.06	−151.0	57.0	1374.02	−1071.0	−77.9	207.14	−118.0	−57.0
兖州煤业	6.82	0.0	0.0	277.20	0.0	0.0	1069.32	0.0	0.0	241.58	0.0	0.0
中煤能源	61.78	−17.8	−28.7	156.01	−44.8	28.7	2506.26	−2076.8	−82.9	524.75	−403.6	−76.9

通过投影值分析来看，昊华能源、冀中能源、潞安环能、山煤国际、神华集团、兖州煤业六家煤炭上市公司的投影值和改进幅度均为 0，不需要进行调整。这说明，在 9 家煤炭上市公司中，这 6 家上市公司相对于产出来讲，投入都不存在冗余，在绿色矿山建设的过程中相对比较合理地分配并充分利用了各种资源。

从每一项投入分别来看，在生态投入方面，西山煤电的改进幅度最大，为66.6。然而西山煤电 2013 年度计提的矿山环境恢复治理保证金为 154.4 亿元，在选取的 9 家煤炭上市公司中仅仅低于潞安环能。这说明西山煤电虽然足额计提矿山环境恢复治理保证金，但是对其的利用效率并不高，没有取得预期的效果。在科技投入方面，西山煤电的改进幅度最大，为 57%，说明西山煤电的科技投入的利用效率不高。在安全投入方面，平煤集团、西山煤电和中煤集团的改进幅度都比较大，平均改进幅度在 80 以上，说明 3 家上市公司都需要改进在安全生产方面的投入。王寒秋认为安全投入属于煤炭企业的隐性成本。它通常不能给企业带来直接的经济效益，企业通常情况下很难感受到安全投入带来的好处。因此，很多煤炭企业对煤炭安全投入不够重视，有的企业提而不用，甚至少提。在高效投入方面，中煤集团的固定资产净额改进幅度最大，为 76.9%，说明中煤集团需要加强对固定资产的管理，提高设备的利用率。

整体上分析：从改进方向上看，3 家 DEA 无效的煤炭上市公司在生态投入、科技投入、安全投入和高效投入四个方面都存在改善的空间，并且生态投入、科技投入、高效投入改进的方向一致，均为负向，这说明煤炭上市公司在这三个方面的投入资源利用效率低，煤炭企业需要通过加强管理，提高资源利用效率。安全投入方面改进方向均为正，说明煤炭企业需要增加安全投入，加强员工安全培训以及相关机器设备的投入来提高安全生产效率。从改进幅度上来看，3 家煤炭上市公司在安全投入方面需要作出的改进幅度最大，其次是提高生产效率方面。

3.7 小结

在对煤矿绿色矿山的概念进行界定、总结前人对绿色矿山建设投入研究的基础上，提出绿色矿山建设投入效率评价指标体系主要从生产性投入、生态治理投入、节能减排投入、科技投入、安全投入、法制建设投入、人文投入八个方面进行构建。考虑数据的可得性和适用性，本书选取我国 9 家煤炭上市公司的相关数据，运用数据包络分析（DEA），建立煤矿绿色矿山建设投入效率评价模型，从安全、高效、生态三个方面对我国煤矿绿色矿山建设投入效率进行实证研究。研究发现，煤炭企业在绿色矿山建设投入的过程中存在投入冗余，资源利用效率低，对绿色矿山建设缺乏积极性。

4 煤矿绿色生态投入缺失的经济机理分析

4.1 煤矿绿色生态投入短期和长期成本收益分析

绿色矿山是指在科学发展观的指导下，坚持以人为本、绿色开采、发展循环经济、提高安全生产水平和生产效率，将矿山建设成为安全、高效、生态的新型矿山。绿色矿山建设投入主要包括节能减排投入、生态治理投入、生态产业链构建投入等。

4.1.1 煤矿绿色生态投入短期成本收益分析

对于煤炭企业来说，在进行绿色生态建设初始阶段，企业必然需要投入大量的人力和财力，这将会导致企业成本上升，在图4-1中表现为此时企业的平均成本曲线 AC 将会处于一个很高的位置。煤炭企业的最佳产量选择在 $MC=MR$ 处，即 MC 曲线与 MR 曲线的交点处。同时，企业的产品价格 $P=AR$，在 MC 曲线与 MR 曲线交点的向上延伸线与 AR 曲线的交点位置可以找到单位产品价格。然而，此时的 $AC>P$，即单位产品的价格小于企业平均成本，这样一来煤炭企业短期内将会处于亏损状态。煤炭企业作为一种盈利性的经济组织，逐利性是其本性，一旦企业发现进行绿色生态投入之后，自身将会面临利润减少甚至亏损时，企业进行绿色生态投入的动力必然大大下降，久而久之，企业进行绿色生态投入的意识也会逐渐淡薄。因此，煤炭企业进行绿色生态投入所带来的企业短期内的经济亏损是造成其绿色生态投入内部动力不足的原因之一。

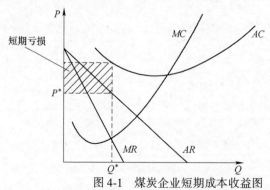

图 4-1　煤炭企业短期成本收益图

P—价格；Q—购买数量；MC—边际成本曲线；AC—平均成本曲线；MR—边际收益曲线；AR—平均收益曲线

4.1.2 煤矿绿色生态投入长期成本收益分析

由于绿色生态建设前期投入大，短期内煤炭企业会遭遇经济亏损，这与企业追求利润最大化的经营宗旨相悖，因此将影响煤炭企业绿色生态投入的动力。然而，这种情况可以通过政府出台优惠政策，使得煤炭企业的平均成本曲线 AC 低于平均收益曲线 AR 而得以解决。例如，增加政府购买政策，首先，它可以直接扩大煤炭企业的需求，刺激煤炭企业扩大生产规模。如图 4-2 所示，由于规模经济效应，煤炭企业的短期平均成本降低，短期平均成本曲线 SAC_1 向下移动到 SAC_2 的位置，低于平均收益曲线 AR。在长期中，只要满足长期均衡条件 $MR = LMC = SMC_2$，煤炭企业就能够获得利润，并达到长期均衡，长期均衡产量和价格分别为 Q^* 和 P^*。其次，政府购买政策的实施也释放出一个强烈的信号，增强市场信心，从而有助于进一步扩大需求。

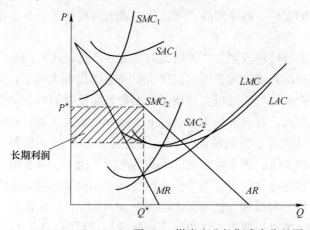

图 4-2 煤炭企业长期成本收益图

P—价格；Q—购买数量；MR—边际收益曲线；AR—平均收益曲线；SMC—短期边际成本曲线；
SAC—短期平均成本曲线；LMC—长期边际成本曲线；LAC—长期平均成本曲线

4.2 煤矿绿色生态投入的企业和社会净收益分析

生态产业链构建投入是煤矿绿色煤炭生态产业建设投入的重要方面。从企业和社会净收益入手，分析煤炭企业在生态产业发展中的变化，可以进一步探究其投入的动力。图 4-3 中，坐标 X 轴和 Y 轴分别表示企业净收益和社会净收益。生态产业链的发展过程可以分为三个阶段，即推进阶段、快速发展阶段和稳定运行阶段，分别对应图中 AD、DCE、EB 三段。

由图 4-3 可知，随着时间的推移、企业的发展，企业净收益的变化趋势为"减小—最小—增大"；而社会净收益则随生态产业链的发展而逐渐增加，这也是发展生态产业链的核心目的。曲线 ACB 为约束条件下产业的发展，曲线 $AC'B$

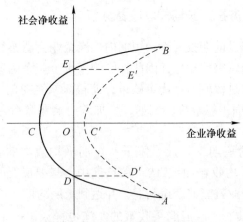

图 4-3   企业与社会净收益曲线

为激励政策下生态产业链的发展，两条曲线之间的距离表示两种情况下企业净收益的差异。

在市场经济体制下，通过环境监测、法律条文对企业生产活动进行约束，要求其承担原来可以免费使用的环境资源费用时，使企业的生产成本大幅上升。而在市场竞争的现实中，企业又无法通过提高价格而从消费者那里得到补偿，因此企业的净收益减少。由此看出，在只有约束的条件下，以利益最大化为目标的企业很难自觉嵌入到生态产业链中，发展清洁生产。特别是在 *DCE* 这一阶段，企业处于零利润甚至亏本的状态下，更不会自觉嵌入到生态产业链中。因此需要政府通过价格补贴、税收优惠等激励政策，调节企业收益到 *D* 的位置，调动企业发展清洁生产、实践循环经济的积极性，进而促进经济由 *ACB* 向 *AC'B* 发展。

从 *ACB* 与 *AC'B* 间的距离可以看出，在生态产业链发展过程中，政府应合理调节其激励政策，正确引导生态产业链的发展。在起步阶段，政府不需要过多激励；随着生态产业的不断深化，政府需要不断增加对生态产业发展的激励政策；当生态产业链发展成熟时，即进入 *EB* 阶段，政府的激励政策可以逐步取消，使市场机制不断的发挥作用，调节企业清洁生产和绿色发展的活动，最终促使生态产业链健康发展。

4.3   基于 MFCA 的煤炭加工企业环境成本核算及分析

煤主要由碳、氢、氧、氮、硫五种元素组成，同时也含有磷、氯、砷等微量元素。原煤在生产过程中混入了各种矿物杂质，在开采和运输过程中不可避免地又混入岩石及其他杂质。选煤就是利用煤的物理或物理化学性质的差异，借助各种选矿设备将煤中的有用矿物和杂物分离，并达到使有用矿物相对富集的过程。简而言之，就是将煤和矸石分离，降低煤炭的灰分和硫分，提高原煤质量，适应用户需要。煤炭加工企业的主要生产工艺包括：原煤受煤系统、主厂房、煤泥浓缩车间。地面煤炭加工系统由受煤、筛分、破碎、选煤、储存、装车等主要环节构成。煤炭加工企业工艺流程如图 4-4 所示。

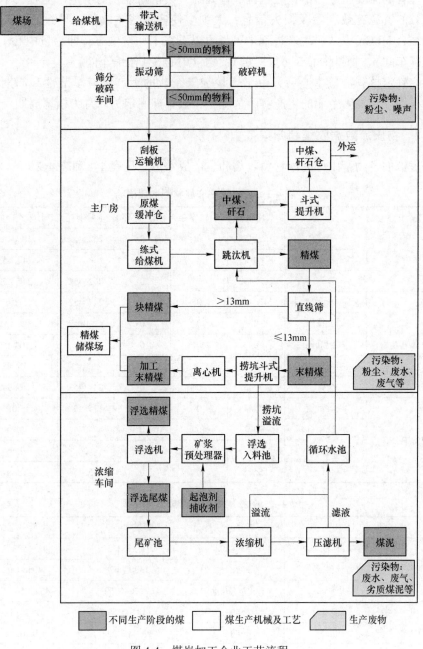

图 4-4 煤炭加工企业工艺流程

4.3.1　事前准备阶段

以企业活动中心为基础来划分物量中心，物量中心的确定视企业规模的大小和管理者的需要而定，不宜太粗也不宜太细，太粗则难以揭示生产流程，不能得到有效的资源有效利用及损失信息；太细会使实施成本增加，导致不必要的浪费。结合 MFCA 方法，生产过程中可设置以下三个物量中心，即物量中心 1（筛分破碎车间）、物量中心 2（主厂房）、物量中心 3（浓缩车间）。

在确定核算物量中心后，由于煤炭加工企业的生产没有季节性和周期性差别，根据煤炭加工企业的生产实际情况，将核算期间定为以月为核算周期。

4.3.2　物质流数据收集和归集

虚拟的各物量中心的原材料收集和生产成本汇总见表 4-1 和表 4-2。

表 4-1　各物量中心原材料数量表 （t）

物量中心	名　称	本月领料	期初库存	期末库存	本月消耗	月末产出物料
物量中心 1	原煤	262.452	0	0	262.452	0
	<50mm 的物料	0	0	0	0	247.452
	合计	262.452	0	0	262.452	247.452
物量中心 2	<50mm 的物料	247.452	0	0	247.452	0
	加工精煤	0	0	0	0	97.422
	中煤和矸石	0	0	0	0	104.07
	捞坑溢流	0	0	0	0	15.45
	合计	247.452	0	0	247.452	216.942
物量中心 3	捞坑溢流	15.45	0	0	15.45	0
	浮选精煤	0	0	0	0	6.78
	可用煤泥	0	0	0	0	3.29
	合计	15.45	0	0	15.45	10.07

表 4-2　各物量中心生产成本汇总表 （元）

项　目		物量中心 1	物量中心 2	物量中心 3
材料成本	原材料成本	6864802	6215233.5	4217503.5
	辅助材料成本	6618.52	13803.02	340550.92
	小计	6871420.52	6229036.52	4558054.42
能源成本	水	35469.3	18700.5	51616.44
	电	119769.2	239115.22	83876.72
	小计	155238.5	257815.72	135493.16

项　　目		物量中心 1	物量中心 2	物量中心 3
系统成本	制造费用	177441.25	160651.22	109013.94
	人工费用	115181.82	141762.24	121932.78
	固定资产折旧	122139.57	90361.02	81426.38
	小计	414762.64	392774.48	312373.1
合　　计		7441421.66	6879626.72	5005920.68

4.3.3　MFCA 资源损失数量核算

本阶段核算每个物量中心所产生资源损失的数量。在物量中心 1 中输入资源物质（包括原材料和辅助材料）共计 262.452t，根据原材料数量表可知输出端正制品为 247.45t，计算资源损失为投入资源数量 262.452t 和输出正制品数量 247.45t 的差为 15t。物量中心 2 和物量中心 3 同物量中心 1 算法一致，结果见表 4-3。

表 4-3　MFCA 资源损失数量核算　　　　　　　(t)

项　　目		物量中心 1	物量中心 2	物量中心 3
输入物质		262.452	247.452	15.45
输出物质	正制品	247.452	216.942	10.07
	资源损失	15	30.51	5.38
资源损失所占比例/%		5.72	12.33	34.82

4.3.4　MFCA 资源损失各成本核算

本阶段核算每个物量中心所产生资源损失所造成的成本，MFCA 资源损失各成本核算结果见表 4-4。

表 4-4　MFCA 资源损失各成本核算　　　　　　　(元)

项　　目	物量中心 1	物量中心 2	物量中心 3
资源损失所占比例/%	5.72	12.33	34.82
材料成本	6871420.52	6229036.52	4558054.42
分配资源损失材料成本	392724.41	768019.27	1587206.01
能源成本	155238.50	257815.72	135493.16
分配资源损失能源成本	8872.39	31787.81	47181.44
系统成本	414762.64	392774.48	312373.10
分配资源损失系统成本	23705.06	48427.77	108774.58
资源损失成本	425301.86	848234.85	1743162.02
资源损失成本合计	3016698.74		

4.3.5 资源损失造成的环境成本核算

k 的取值是某行业环境损失总额和某行业资源损失合计相除的结果。世界自然基金会、能源基金会、绿色和平和天则经济研究所共同制定的《煤炭真实成本报告》指出，每吨煤炭带来的环境损失达 150 元，全年煤炭造成的社会、环境和经济等外部损失高达 1.7 万亿元，环境损失比重为 53.9%，资源利用率可以达到 40%左右，则资源损失率为 60%，k 就等于 0.9，因此，企业中由资源损失造成的环境成本为 2715028.88 元。

本书将环境成本分为两个部分，一部分是可识别环境成本，另一部分是不可识别环境成本，也就是上文通过 MFCA 核算出的环境成本数据。可识别环境成本通过调研数据可知，在煤炭加工企业的可识别环境成本为 497920.84 元，相加得出总环境成本为 3212949.72 元。

4.3.6 企业环境成本核算结果分析

由上述核算结果可知，此煤炭加工企业的可识别环境成本为 497920.84 元，占总环境成本的 15.5%，而由资源损失造成的不可识别环境成本为 2715028.88 元，占总环境成本的 84.5%。

按物量中心进行横向比较，物量中心 1 的资源损失成本为 425301.86 元，物量中心 2 的资源损失成本为 848234.85 元，物量中心 3 的资源损失成本为 1743162.02 元，每个物量中心的资源损失成本和企业生产总成本 19326959.06 元相除，可得每个物量中心中资源损失成本在总成本中所占的比例分别为 2.20%、4.39%、9.02%，三个物量中心中，物量中心 3 的资源损失成本最多。物量中心 3 是煤泥浓缩车间，在该车间的工艺流程加入了药剂，且煤泥流浓度的增加，导致部分水并不能完全循环使用，生产的不可利用的煤泥污染比较大，因此处置成本高，分配的成本较多。

4.4 基于外部性的煤矿绿色生态投入缺失的经济机理分析

传统的煤矿开采方式引起严重的生态环境问题，对煤矿区及周边环境产生了破坏，对居民的健康与生活造成破坏性的影响，产生了负的外部性。而绿色煤炭生态产业的建设能够实现整个开采循环的经济化、绿色化，既为社会提供了煤炭资源又保护了生态环境，能够产生正的外部性。本书将从负外部性和正外部性两方面分别分析煤矿绿色生态投入缺失的经济机理。

4.4.1 存在负外部性的煤矿绿色生态投入决策分析

传统的煤矿生产不考虑或者很少考虑对生态环境的影响和破坏，煤矿每生产一单位煤不仅会发生私人边际成本（*PMC*），而且还会带来外部成本。在无约束条件下，煤炭企业为实现利益最大化，按照自身边际成本与边际收益（在图4-5中分别为 *PMC* 和 *MR* 曲线）相等的原则决策，其最优决策为产量 Q_1，价格 P_1。而从社会的角度出发，资源利用率最高的产量为 Q_2，价格为 P_2。在产量为 Q_1 时，私人边际成本 *PMC* 为 AQ_1，而社会边际成本（*SMC*）为 BQ_1，其差额 *BA* 即为外部成本。若负外部性效应不计入煤炭产品成本，成本过低必然造成产量过大，会使社会生产过多的煤炭产品，且以低于社会成本的价格售出。

由于生态阈值和累积效应，随着煤炭产量的增加，传统煤矿开采引起的生态破坏所带来的外部成本会不断增加。图4-5中 *MEC* 即为负外部效应产生的外部边际成本曲线，该曲线向上倾斜表明随着煤炭产量的增加引起的生态破坏所带来的外部成本的增加。

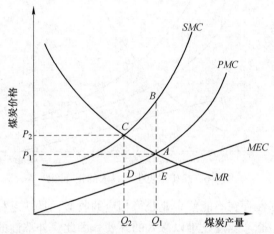

图4-5 存在负外部性的煤矿绿色生态投入决策分析

通过以上分析可以看出，传统煤矿生产方式通过负的外部性将部分环境成本转移给社会，传统的煤矿生产方式导致煤炭矿区的生态环境不断恶化与煤炭产量过度供给的双重社会损失，导致了资源配置的低效率，不能实现社会资源的最优配置。

4.4.2 存在正外部性的煤矿绿色生态投入决策分析

若某煤炭企业在生产经营过程中进行绿色生态投入，建设绿色煤炭生态产业，就会改善矿区周边的生态环境，这就产生了正外部性。当正外部性存在时，社会收益（*SMR*）大于私人收益（*PMR*），二者之间差额即为外部边际收益（*MER*）。假定某煤炭企业进行绿色生态投入后，私人边际成本（*PMC*）与社会边际成本（*SMC*）实现一致。在不考虑正外部性带来的外部边际收益的情况下，煤炭企业为实现利益最大化，按照自身边际成本与边际收益（在图4-6中分别为

PMC 和 *PMR* 曲线）相等的原则决策，其最优决策为产量 Q_1，价格 P_1。在考虑正外部性带来的外部边际收益的情况下，即从社会角度出发，煤矿的均衡产量和价格由社会边际成本（*SMC* = *PMC*）和社会边际收益（*SMR*）曲线的交点决定，即为 Q_2 和 P_2。当煤炭企业加强绿色生态投入，企业成本将会大大提高。可是，当前条件下绿色生态投入所增加的成本并不能通过其价格反映出来，企业成本提高，销售价格应提高为 P_2，但是煤炭的实际价格仍为 P_1，企业的利润将会减少，甚至短期出现亏损。此时，若再缺乏外部的激励政策和约束机制，煤矿企业为追求私人利益最大化，将选择减少绿色生态投入。

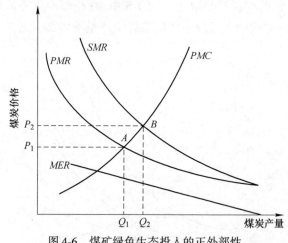

图 4-6　煤矿绿色生态投入的正外部性

　　由于正的外部性存在不能使企业获得相应的收益，且缺乏相应的政策激励和约束，绿色煤炭生态产业建设难以深入的开展。因此，外部性的存在会导致市场失灵，致使社会生产利益分配不公平，这是目前绿色煤炭生态产业建设不足的内在原因。

4.5　小结

　　首先建立了煤矿企业绿色生态投入的短期和长期成本收益曲线，研究得出，煤炭企业进行绿色生态投入所带来的短期内的经济亏损是造成其绿色生态投入内部动力不足的原因之一。由于绿色生态建设前期投入大，短期内煤炭企业会遭遇经济亏损，这与企业追求利润最大化的经营宗旨相悖，因此将影响煤炭企业绿色生态投入的动力。然而，这种情况可以通过政府出台优惠政策，使得煤炭企业的平均成本曲线 *AC* 低于平均收益曲线 *AR* 而得以解决。其次，建立了煤矿绿色生态投入的社会和企业净收益曲线，研究表明，企业净收益的变化趋势为"减小—最小—增大"，而社会净收益则随生态产业链的发展而逐渐增加。基于物质流量成本会计的煤炭加工企业可识别与不可识别环境成本核算结果表明，某煤炭加工企业的可识别环境成本占总环境成本的 15.5%，而由资源损失造成的不可识别环境成本占总环境成本的 84.5%，有力地支持了理论模型的分析结论。最后，通过存在正外部性和负外部性的煤矿绿色生态投入决策模型，分析环境成本外部性对绿色生态投入的影响，揭示煤矿企业绿色生态投入的经济机理。

5 煤矿绿色生态投入的制度分析

5.1 制度内涵与功能

5.1.1 制度内涵

关于制度的含义，不同的经济学流派，甚至同一流派的不同经济学家观点不完全一致。旧制度经济学家凡勃伦在 1899 年将制度定义为："制度实质上就是个人或社会对有关的某些关系或某些作用的一般思想习惯；而生活方式所由构成的是，在某一时期或社会发展的某一阶段通行的制度的综合，因此从心理学的方面来说，可以概括地把它说成是一种流行的精神态度或一种流行的生活理论。"在凡勃伦看来，制度无非是"指导"个人行为的各种非正式约束。

另一位旧制度经济学的主要代表人物康芒斯说："如果我们要找出一种普遍的原则，适用于一切所谓属于'制度'的行为，我们可以把制度解释为集体行动控制个体行动。集体行动的种类和范围很广，从无组织的习俗到那许多有组织的所'运行中的机构'，例如家庭、公司、控股公司、同业协会、工会、联邦储备银行以及国家。大家所共有的原则或多或少是个体行动受集体行动的控制。"康芒斯认为制度就是集体行动控制个人行动的一系列行为准则或规则。

新制度经济学家舒尔茨 1968 年给制度下的定义是，"我将一种制度定义为一种行为规则，这些规则涉及社会、政治及经济行为。例如，它们包括管束结婚与离婚的规则，支配政治权力的配置与使用的宪法中所包含的规则，以及确立由市场资本主义或政府来分配资源与收入的规则。"

新制度经济学代表人物诺思认为，制度是为人类设计的，构造了政治、经济和社会相互关系的一系列约束。制度由非正式约束（道德约束、禁忌、习惯、传统和行为准则）和正式的法规（宪法、法令、产权）组成。

综上所述，在新旧制度经济学家看来，制度是抑制和规范个人行为的各种规则和约束。

5.1.2 制度构成

新制度经济学认为，制度提供的一系列规则由社会认可的非正式制度、国家规定的正式制度和实施机制构成，这三部分是制度构成的基本要素。

（1）正式制度，或称正式约束、正式规则。它是指人们（主要是政府、国家或统治者）有意识创造的一系列政策法规。正式制度包括政治规则、经济规则或契约。它们是一种等级结构，从宪法到成文法与普通法，再到明确的细则，最后到个别契约，它们共同约束着人们的行为。

（2）非正式制度，或称非正式约束、非正式规则。它是人们在长期的交往中无意识形成的，具有持久的生命力，并构成代代相传的文化的一部分。具体来说，主要包括价值信念、伦理规范、道德观念、风俗习惯、意识形态等。

（3）实施机制。实施机制是制度不可或缺的组成部分和构成条件。人们判断一个国家的制度是否有效，除了看这个国家的正式规则与非正式规则是否完善外，更主要的是看这个国家制度的实施机制是否健全。离开了实施机制，那么任何制度尤其是正式规则就形同虚设。

5.1.3　制度功能

行为科学认为人的行为是从需要到动机再到行为，即人类行为的根本原因是需要，直接原因是动机。人的行为是个体与环境相互作用的结果。美国心理学家斯金纳认为：我们关心人类产生行为的原因，想知道人为什么产生行为。我们必须考虑到任何能够对行为产生影响的条件或事件，通过发现和分析这些原因，我们就能预测行为，如果我们能够在一定程度上控制这些原因也就能控制行为。

人的行为的决定性因素是制度，新制度经济学认为作为人类外界环境而存在的制度因素在人类行为中起着重要作用，"制度在很大程度上决定着人们如何实现其个人目标和是否能实现其价值。……制度还影响着人们所持有的价值观和人们所追求的目标。制度是约束和规范个人行为的各种规则"。柯武刚和史漫飞在《制度经济学》一书中指出"制度是广为人知、由人创立的规则，它们的用途是抑制人的机会主义行为。它们总是带有某些针对违规行为的惩罚措施"。

新制度经济学认为人的行为有三个特点：

第一，双重动机，即人们一方面追求财富最大化，另一方面追求非财富最大化。制度作为一个重要变量能够改变人们为其偏好所付出的代价，改变财富与非财富之间的权衡。新制度经济学揭示了人类行为与制度的内在联系，即如果制度产生于人类行为中的非财富价值所具有的集体行为倾向，那么这种倾向就会通过制度改变人们为追求非财富价值所付出的代价表现出来。

第二，有限理性。新制度经济学认为，由于环境的不确定性，信息的不完全性以及人的认识能力的有限性，每个人对环境反应所建立的主观模型大不相同，这导致人们选择上的差别和制度规则的差别。外部环境的不确定性与人的智力的结合，是制度设立的一个重要原因。

第三，机会主义倾向，即在非均衡市场上，人们追求收益内在、成本外化的逃避经济责任的行为。威廉姆森认为，人的机会主义本性增加了市场交易的复杂性，影响了市场效率。机会主义的存在是交易费用产生的根源。制度的一个基本功能是将外部性内化，在一定程度上制度可以约束人的机会主义行为倾向。

对制度的功能进行过揭示的新制度经济学家主要是科斯、德姆塞茨、舒尔茨、诺思等。早在 1937 年发表的《企业的性质》一文中，科斯就发现了交易存在费用，他认为降低交易费用是制度的一项重要功能。在 1967 年发表的《关于产权的理论》一文中，德姆塞茨揭示了（产权）制度的两项重要功能，即帮助人们形成合理的预期和外部性内在化的激励功能。在 1968 年发表的《制度与人的经济价值的不断提高》一文中，舒尔茨论述了制度的五种功能：提供便利、降低交易费用、提供信息、共担风险和提供公共品（服务）。在 1973 年出版的《西方世界的兴起》一书中，诺思论述了制度所具有的激励功能。在他看来，所有能使私人收益率接近社会收益的制度安排都能形成对人们从事合乎社会需要的活动的激励。他认为"个人必须受刺激的驱使去从事合乎社会需要的活动。应当设计某种机制使社会收益率和私人收益率近乎相等"。在 1981 年出版的《经济史中的结构与变迁》一书中，诺思强调了制度的一种新功能，即抑制人的机会主义行为。在 1990 年出版的《制度、制度变迁与经济绩效》一书中，诺思又特别强调了制度的另一种重要功能，即减少不确定性。他认为"制度在一个社会中的主要作用是通过建立一个人们相互作用的稳定的（但不一定有效的）结构来减少不确定性"。

我国学者对制度的功能也进行了研究，卢现祥在其 1996 年出版的《西方新制度经济学》一书中阐述了制度的具体功能：降低交易成本、为经济提供服务、为合作创造条件、提供激励机制、外部利益内部化和抑制人的机会主义行为。

袁庆明在其 2005 年出版的《新制度经济学》一书中分析了制度功能的层次和关联性，他给出一个制度功能结构图，如图 5-1 所示。

综合国内外学者对制度内涵及功能的阐述，我们得到以下结论：

（1）制度是抑制和规范个人行为的各种规则和约束。制度提供一系列规则，由社会认可的非正式制度、国家规定的正式制度和实施机制构成，包含针对违规行为的惩罚措施。

（2）作为人类外界环境而存在的制度因素在人类行为中起着重要作用，人的行为的决定性因素是制度。

（3）人们创立各种制度的目的主要就是为了规范和约束人的机会主义行为、提供有效的信息或缓解交易双方的信息不对称，从而降低交易费用和经济社会中的不确定性。

（4）制度最核心的功能是给市场经济中的经济人提供激励与约束，而这一功能的发挥是通过一些具体的途径实现的，包括通过外部性内部化，从而有效地解决外部性问题。

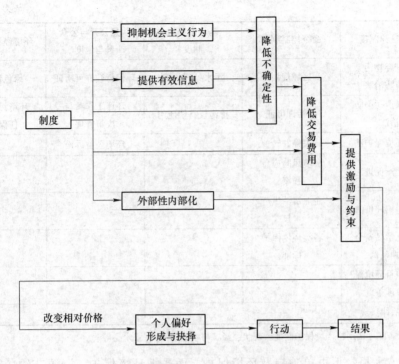

图 5-1 制度功能及其对行为的作用

5.2 煤炭行业环境制度现状

5.2.1 现阶段我国的主要环境保护制度

改革开放以来，随着环境的问题的日益凸显，我国环境保护制度经历了框架构建、逐步实施、规制加强三个阶段，环境保护手段从"依靠行政手段"转向"行政与市场经济并用"，环保管理模式由"末端治理"转向"污染预防"。我国环境保护制度日益完善，现已经形成了以法律法规标准为核心的环境保护制度，总结如表 5-1 所示。

表 5-1 现阶段我国的主要环境保护制度

环境法律制度	命令控制制度	基于市场的制度	信息公开与公众参与制度	环境经济制度
环境保护法	主要污染物总量控制	环境公共财政	群众举报和投诉	排污权交易
水污染防治法	环境影响评价	脱硫电价	环境信息公开	流域生态补偿
大气污染防治法	"三同时"	排污收费	企业社会责任	绿色证券

续表 5-1

环境法律制度	命令控制制度	基于市场的制度	信息公开与公众参与制度	环境经济制度
固体废弃物污染环境防治法	区域规划	污水处理收费	环保行政许可听证	绿色信贷
环境噪声污染防治法	排污许可证	排污权有偿使用	环评工作参与决策管理	环境污染责任保险
海洋环境保护法	关停并转		环境公益诉讼	
清洁生产促进法	环境风险应急预案			
环境影响评价法	企业清洁生产审核			
危险化学品安全管理条例	各类环境保护标准			
建设项目环境保护管理条例				
其他法律法规				

注：摘自《最严格环境保护制度：现状、经验与政策建议》，张永亮等著。

十八大报告不再单独提及环境保护，而是把环境保护、资源节约、能源节约、发展可再生能源、污染治理等统一为"生态文明"的概念，形成生态文明在内的五位一体总布局，并且作为整个报告的第八部分被单独强调。

十八届三中全会提出"必须建立系统完整的生态文明制度体系，用制度保护生态环境"。并进一步完善了生态文明制度体系的内容，归纳起来如表 5-2 所示。

表 5-2　生态文明制度矩阵

项　目	决策和责任制度	执行和管理制度	道德和自律制度
土地保护	综合评价	管理制度	宣传教育
	目标体系	有偿使用	生态意识
	考核办法	赔偿补偿	合理消费
水资源保护	奖惩机制	市场交易	良好风气
	空间规划	执法监管	
	责任追究	资源产权	
环境保护	管理体制	用途管制	
		生态红线	

注：摘自《建立系统完整的生态文明制度体系—关于中国共产党十八届三中全会加强生态文明建设的思考》，夏光著。

其中考核办法和责任追究制度，形成地方政府实质性的约束。深刻把握绿色GDP 精神意识，促使环境执法工作形成威慑，以便及时查处和纠正大量环境违法行为，环境监管更加有效，环境执法加坚定。

"十三五"规划在生态环保方面四处使用了"最严格"，分别是："坚持最严格的节约用地制度""坚持最严格的耕地保护制度""实行最严格的水资源管理制度"和"实行最严格的环境保护制度"。"十三五"期间要建立环境质量改善和污染物总量控制的双重体系，实施大气、水、土壤污染防治计划，实现三大生态系统全要素指标管理。

5.2.2 煤炭行业环境制度现状

煤炭行业是我国主要的消费能源行业，同时也是典型的高能耗高污染行业，煤矿资源的开发利用产生资源浪费、环境污染、生态破坏。我国低碳经济发展面临的巨大环境压力中，煤炭行业"低效、非绿色、非安全"是主要的来源之一。因此，我国政府不断强化环境规制政策以实现经济环境的可持续发展，先后制定并实施了多项环境规制政策引导煤炭企业改变粗放式的发展，转向节能减排发展，建立煤炭生态产业，尽可能地把对生态的扰动降到最小。

现行煤矿环境规制法律法规政策总结如表 5-3 所示。

表 5-3 现行煤矿环境规制法律法规政策

归类	政策法规	
对所有行业普遍适用的法律法规	《环境保护法》（1989 年颁布，2014 年修订）	
	《矿产资源法》	
	《固体废弃物污染环境防治法》（1995，并于 2004 年修订）	
	《水污染防治法》	
	《大气污染防治法》	
	《环境噪声污染防治法》	
	《水土保持法》	
	《水污染防治法实施条例》	
	《清洁生产促进法》（2003 年）	
	《节约能源法》（2008 年实施）	
	《循环经济促进法》（2009 年实施）	
	《排污费征收使用管理条例》	
	《排污费征收标准管理办法》	
煤炭行业特有的政策法规	煤炭产业政策	《煤炭法》（1996 年颁布，2011 年修订）
		《煤炭行政处罚办法》
		产业结构调整指导目录（煤炭行业节选）
		煤炭产业政策（节选）
		煤层气产业政策（节选）
		特殊和稀缺煤类开发利用管理暂行规定（节选）
		《煤矸石综合利用管理办法》（2015 年 3 月 1 日施行）
		《商品煤质量管理暂行办法》

归类		政　策　法　规
煤炭行业特有的政策法规	煤炭产业政策	关于促进煤炭工业科学发展的指导意见（国能煤炭（2015）37 号）（节选） 关于促进煤炭安全绿色开发和清洁高效利用的意见（国能煤炭（2014）571 号） 关于印发加快煤炭行业结构调整、应对产能过剩的指导意见的通知（发改运行（2006）593 号） 关于调控煤炭总量优化产业布局的指导意见（国能煤炭（2014）454 号） 关于印发煤炭工业节能减排工作意见的通知（发改能源（2007）1456 号） 《煤矿充填开采工作指导意见》（国能煤炭（2013）19 号） 关于印发煤层气勘探开发行动计划的通知（国能煤炭（2015）34 号） 《煤炭清洁高效利用行动计划（2015—2020 年）》（国能煤炭（2015）141 号）
	资源开发与环保预防同步	《矿山地质环境保护规定》 关于进一步加强生态保护工作的意见（环发（2007）37 号） 关于加强资源开发生态环境保护监管工作的意见（环发（2004）24 号） 《矿山生态环境保护与污染防治技术政策》（环发（2005）109 号） 关于加强煤炭矿区总体规划和煤矿建设项目环境影响评价工作的通知（环办（2006）129 号） 关于落实大气污染防治行动计划严格环境影响评价准入的通知（环办（2014）30 号） 关于印发环评管理中部分行业建设项目重大变动清单的通知（环办（2015）52 号） 规划环境影响评价技术导则煤炭工业矿区总体规划（HJ463—2009） 环境影响评价技术导则煤炭采选工程（HJ619—2011）
	国家标准	煤炭工业污染物排放标准（GB20426—2006） 煤层气（煤矿瓦斯）排放标准（暂行）（GB21522—2008） 清洁生产标准煤炭采选业（HJ446—2008）
	生态治理与补偿	关于印发《矿山生态环境保护与恢复治理方案编制导则》的通知（环办（2012）154 号） 建设项目竣工环境保护验收技术规范煤炭采选（HJ672—2013） 矿山生态环境保护与恢复治理技术规范（试行）（HJ651—2013） 矿山生态环境保护与恢复治理方案（规划）编制规范（试行）（HJ652—2013） 《土地复垦条例》（2011） 《关于开展生态补偿试点工作的指导意见》（2007，环保局）
	地方政策	《山西省矿产资源管理条例》 《山西省矿山地质环境治理恢复保证金管理办法》 《山西省煤炭开采生态环境恢复治理实施方案》（晋政办发（2009）190 号） 关于加强煤炭开发建设项目环境保护管理工作的通知（晋环发（2006）445 号） 关于加强煤炭企业建设期环境保护工作的通知（晋环发（2012）474 号） 《陕西省煤炭、石油、天然气开发环境保护条例》（2007 年修订） 《陕西省矿山地质环境治理恢复保证金管理办法》 关于印发陕西省能源行业加强大气污染防治工作实施方案的通知（陕发改能源（2014）804 号）

纵观我国煤矿环境规制法律法规政策的发展演变，可以看出我国煤矿环境制度具有环境法律日益严格、产业政策文件愈发高频率、生态保护激励机制强度加大等特点。

5.2.2.1 环境法律日益严格

在 20 世纪八九十年代，我国颁布到了《矿产资源法》，之后颁布了《环境保护法》《煤炭法》《矿山安全法》，为煤炭产业绿色、高效、安全搭建了总体框架。

随后我国建立了"三级五类"环境保护标准体系，所谓三级是国家环境标准、地方环境标准、国家保护总局标准，五类是国家环境质量标准、国家污染物排放标准、国家环境监测标准、国家环境标准样品标准、国家环境基础标准。例如《固体废弃物污染防治法》《大气污染物综合排放标准》《污水综合排放标准》等。这些举措的推出表明我国环境治理从污染监测到污染预防的升级，成为煤炭行业环境规制绩效标准的硬性指标，在煤炭污染控制和污染防治方面发挥了重大作用。

近几年，我国不断修订与环境相关的旧法，突出强调生态环境保护相关条例措施，同样加强了煤炭行业环境规制。2011 年修订的《煤炭法》增加了对煤矿建设、生产等方面的环境要求，如"煤炭开发与环境治理同步进行"，即"三同时"。"鼓励煤炭企业发展煤炭洗选加工，综合开发利用煤层气、煤矸石、煤泥和泥炭"、取缔土法炼焦，向在开采回采率、采矿贫化率、选矿回收率、矿山水循环利用率和土地复垦率等规定技术层面达标的企业授权颁发采矿许可证。2011 年新修订《土地复垦条例》，由原来的 26 条增加到了 42 条，明确了复垦主体、资金渠道、规范复垦管理，努力做到"新账不欠，旧账快还"。增加了土地复垦方案的审批与审查机制，加强了土地复垦的监督和验收环节，强化对土地复垦义务人不依法履行土地复垦义务的制约手段。

2015 年实施新修订的《环保法》对环保的一些基本制度作了规定，比如从环境规划、环境标准、环境监测、环境评价、环境经济政策、总量控制、生态补偿、排污收费、排污许可，特别是根据公众意见，又规定了环境公益诉讼，针对违法成本低、守法成本高的问题，又设置了按日计罚等。

我国政府愈加重视对资源环境与生态环境的保护和治理，把价值规律、市场机制引入了节能减排，环境规制工具的运用也逐渐多样化。我国环境规制是煤炭企业实现经济转型的拉动性因素，促使煤炭产业一方面加快优化产业结构，解决"三高"问题——高消耗、高污染、高排放，另一方面大力推进绿色低碳发展，提高资源能源利用效率。

5.2.2.2 产业政策文件愈发高频率

行政规范文件虽然不具有法律效力，但是在引导煤炭行业的发展方向上，具有不可替代的作用。总结近五年的行政规范性文件，可归为三个主题——绿色矿山、低碳经济、节能减排。每年行政规范文件都实时进行更新，同时也保持政策的一脉相承和连续性。不论绿色矿山建设，还是矿山节能减排，目的在于实现煤矿地区生态保护、经济可持续发展。

2006 年我国首次提出绿色矿山，2008 年《全国矿产资源规划（2008—2015年）》提出了发展绿色矿业的明确要求：到 2020 年，绿色矿山格局基本建立，实现矿山地质环境保护和矿区土地复垦水平全面提高的战略目标。2010 年 8 月13 日，国土资源部正式下发了《国家级绿色矿山基本条件》和《关于贯彻落实全国矿产资源规划发展绿色矿业工作的指导意见》，使绿色矿山建设工作步入规范化管理轨道。

为深入落实《节能减排"十二五"规划》和《"十二五"节能减排综合性工作方案》，发挥科技对加快转变经济发展方式、调整优化能源结构、缓解资源环境约束的支撑引领作用，科技部、工业和信息化部组织制定了《2014—2015 年节能减排科技专项行动方案》，全面推进节能减排科技工作。2014 年《关于调整排污费征收标准等有关问题的通知》根据排放治理效果，实施阶梯式、差别化的排污收费政策，以鼓励企业采用先进技术积极主动治污减排。《矿产资源节约与综合利用鼓励、限制和淘汰技术目录》（2010 年制定，2014 年修订）从技术上层面上促进矿产资源节约与综合利用。

盘点 2015 年煤炭行业节能减排措施如表 5-4 所示，可以看出政府根据宏观调控需要、深化探索煤炭改革的规范性文件出台的高频率性。高频的产业政策、规范文件指明了中国能源行业的发展方向是清洁、安全、高效、可持续，体现了制度体系的严格，同样意味着煤炭企业所面临的外部环境将受到更严格的监管和约束。

表 5-4　2015 年煤炭行业节能减排措施

时　间	颁布部门	政　策	措　施
1 月 1 日	国家发改委、环保部、商务部、海关总署、国家工商管理总局、国家质检总局六部门制定	《商品煤质量管理暂行办法实施》	对煤炭生产、加工、储运、销售、进口和使用等环节都做出了明确规定，对不符合要求的商品煤，不得进口、销售和远距离运输
2 月 22 日	国家能源局、环境保护部、工业和信息化部三部门制定	《关于促进煤炭安全绿色开发和清洁高效利用的意见》	提高煤炭加工转化水平，积极推进煤炭分级分质利用，提高煤炭利用附加值。同时，意见明确，按照节水、环保、高效的原则，继续推进煤炭焦化、气化、煤炭液化（含煤油共炼）、煤制天然气、煤制烯烃等关键技术攻关和示范，提升煤炭综合利用效率，降低系统能耗、资源消耗和污染物排放，实现清洁生产

时 间	颁布部门	政 策	措 施
4月20日	国务院	全面下调燃煤发电上网电价	在销售电价下降的同时，继续加大对高耗能行业、产能严重过剩行业实施差别电价、惩罚性电价和阶梯电价政策的执行力度，认真甄别并及时公布企业目录，促进产业结构升级和淘汰落后产能
7月8日	国家税务总局	《煤炭资源税征收管理办法（试行）》	明确了煤炭计税价格的确定方法、运费扣减范围、洗选煤折算率、混合销售与混合洗选的计税方法等内容
9月1日	国家能源局	《国家能源局关于印发〈能源领域行业标准化管理办法（试行）〉及实施细则的通知》	经审查，国家能源局批准203项行业标准，包括能源标准106项和电力标准97项实施。其中，涉煤行业标准有24项
12月2日	国务院常务会议	全面实施燃煤电厂超低排放	在2020年前，对燃煤机组全面实施超低排放和节能改造，对落后产能和不符合相关强制性标准要求的，要坚决淘汰关停。此举措是推进化石能源清洁化、改善大气质量、缓解资源约束的重要举措

注：根据煤炭网资料整理。

5.2.2.3 生态保护激励机制倾斜加大

为鼓励和支持环境保护技术装备、资源综合利用和环境服务行为，国家采取财税、金融等方面的优惠政策，加大对生态保护的倾斜力度。《循环经济促进法》《土地复垦条例》对减量化、再利用和资源化的要求做了具体规定，并专门设定了促进循环经济发展的"激励措施"一章。

（1）税收优惠。首先，产品税收优惠，一是企业所得税优惠，体现为减计收入总额。现行税制中的减计收入是指以"共生伴生矿产资源""工矿废水""焦炉煤气"等"三废"为原料，且符合《资源综合利用企业所得税优惠目录》规定，生产国家非限制和禁止并符合国家和行业相关标准的产品取得的收入。二是对部分资源综合利用产品免征增值税，按照综合利用情况实行即征即退，减免增值税。自2001年1月1日起，对油母页岩炼油、废旧沥青混凝土回收利用实行增值税即征即退政策，对煤矸石、煤泥、煤系伴生油母页岩等综合利用发电实行增值税减半征收政策。

其次，环保设备款抵税额。一是采用企业所得税减按90%计入收入总额，企业购置用于环境保护、节能节水、安全生产等专用设备的投资额，可以按一定比例实行税额抵免。二是通过折旧方式，目录公布的环保产业设备（产品），例如水、大气污染治理设备，可以采用加速折旧的方式。

再次，绿色技术研发税收优惠。一方面，研发支出可以加计扣除，加计扣除50%，即按照150%的比例实行扣除。2015年对此又做了新的调整，扩大了优惠范围。其一，扩大了享受加计扣除税收优惠政策的费用范围，在原来允许扣除费用的范围，不包括外聘研发人员的劳务费等。这次政策调整将外聘人员劳务费、试制产品检验费、专家咨询费、高新科技研发保险费以及与研发直接相关的差旅费、会议费等，也纳入了研发费用加计扣除的范围。其二，明确企业符合条件的研发费用可以追溯享受政策，只要符合当时的加计扣除税收政策规定，可以向前追溯3年。另一方面，不仅对于煤炭企业，其他行业的企业新购进的单位价值不超过100万元的专门用于研发的仪器、设备，2014年1月1日以后新购进的部分固定资产，允许一次性计入当期成本费用在企业所得税税前扣除。所有行业的企业新购进的单位价值超过100万元的专门用于研发的仪器、设备，2014年1月1日以后新购进的部分固定资产，可缩短折旧年限或采取加速折旧的方法。毋庸置疑，这对煤炭企业进行生态技术创新起到了很大的推动作用。

最后，资源税、耕地占用税等相关资源税收优惠。2015年，对衰竭期煤矿开采的煤炭减征30%资源税，对充填开采置换出来的煤炭减征50%资源税。土地复垦义务人在规定的期限内将生产建设活动损毁的耕地、林地、牧草地等农用地复垦恢复原状的，依照国家有关税收法律法规的规定退还已经缴纳的耕地占用税。

这些激励措施通过降低企业成本和税负，形成一种内在的激励机制，有力地鼓励企业技术改造投资，获得生态收益。企业会千方百计地开发有利于节能降耗的工艺技术和产品，有效减少资源浪费现象，提高资源利用率、促进可持续发展的长效机制。

（2）绿色贷款。绿色信贷，通过市场手段有意识地引导资金流向，刺激企业采取有效措施进行节能减排。我国绿色信贷政策加快推进，环境保护"守信激励、失信惩戒"机制建设成果显著。2007年7月，原国家环保总局、人民银行、银监会三部门联合提出《关于落实环境保护政策法规防范信贷风险的意见》要求，各金融机构必须将企业环保守法作为审批贷款的必备条件。国内各大银行纷纷采取"环保一票否决"的信贷审批制度，对有效益的低排放低污染项目、环保技改项目、环保设备、产品和技术研发，积极给予金融支持。通过在金融信贷领域建立环境准入门槛，对限制和淘汰类新建项目不提供信贷支持，对于淘汰类项目停止各类形式的新增信贷支持，并采取措施收回已发放的贷款，从源头上切断高耗能、高污染行业进一步盲目扩张的资金来源，遏制其过度的投资行为，对其经营产生影响，进而解决环境污染问题。

（3）财政支持。通过污染防治专项资金支持、贷款贴息等方式，旨在努力降低环保融资成本和生产成本。全国各地逐步将"以奖代补""竞争性分配"作为专项资金使用的主要方式，推进规范矿产资源治理与补偿资金管理。2013 年 3 月，财政部、国土资源部联合发布了《矿山地质环境恢复治理专项资金管理办法》，2015 年 5 月财政部制定了《节能减排补助资金管理暂行办法》，通过中央财政预算安排，用于支持节能减排方面的专项资金和用于矿山地质环境恢复治理工程支出，带动地方财政和企业积极进行环境恢复工作。为实现绿色矿山的建设，我国相关环境制度正在逐步建立和完善，这些制度从正反两方面促使企业进行绿色化转变：一方面，更加严格的环境保护制度迫使企业改变粗放的经营模式；另一方面，更加优惠的绿色经济政策诱导企业进行绿色转变。

5.3　煤矿绿色生态投入的制度驱动分析

绿色生态投入一直是学术界关注的重点，影响煤炭企业绿色生态投入的影响因素分为内部因素和外部因素。归纳以往学者在探索生态投入的驱动因素时，主要的理论视角包括制度视角、组织视角、行为决策视角和竞争优势视角。生态投入的外部性，是政府进行环境管制的根本原因，环境规制则成为企业生态投入的原始推动力。前人从制度视角分析企业绿色行为多是从制度变迁的收益—成本角度决定是否遵循制度，制度演化的结果表现是成本—收益的衡量，但是制度演化的内在过程则是制度本身特性带来的思想意识和行为的转变。本节从环境规章制度本身具有的制度压力分析煤矿企业生态投入如何受到影响，再进一步分析不同环境规制类型影响生态投入的经济机理。

5.3.1　煤矿绿色生态投入的制度动因分析

新制度经济学理论解释了包括规范、社会认知在内的社会制度如何影响组织决策。制度理论认为组织本身并不具有自主性。组织为了获得政治和社会合法性，会遵循规范、传统和社会影响，调整自身行为与其保持一致，在这个过程中，个体特征将按照趋向环境特征的匹配方向改变，产生组织结构和行为的同质化。"组织领域"一旦被确立后，那些已经存在的组织和新进入的组织会产生同质化的不可阻挡的巨大动力。

现如今在我国坚持保护环境为基本国策，致力于经济和生态的和谐发展，则"我国"是制度理论中所指的组织领域，而"我国的生态文明建设"就是制度理论中所指的制度。煤矿企业作为组织领域中的个体，其生态投入行为是在制度压力下为获取合法性而采取的行为。按照 DiMaggio 和 Powell 的制度理论，制度环境压力一般可以分为强制性压力、规范性压力和模仿性压力。

5.3.1.1　强制性压力

强制性压力来源于其所依靠的其他组织以及社会文化期望施加的正式或非正

式压力。它可以是法律法规、行为标准等正式压力，也可以是伦理规范、风俗习惯及意识形态等非正式压力。我国政府制定的环保法律法规则是影响煤矿企业进行生态投入的强有力的外部强制压力。外在的强制性促使企业必须维持和提升其合法性，压迫企业改变战略与政府环保导向保持一致（如采用环保战略），最终达到企业内外制度趋同。为构建节能降耗型产业结构，大力发展循环经济，政府颁布了煤炭工业污染物排放标准（GB20426—2006）、煤层气（煤矿瓦斯）排放标准（暂行）（GB21522—2008）、清洁生产标准煤炭采选业（HJ446—2008）等一系列的法律法规，将环保导向植入到企业中，迫使企业制度结构与政府期望趋于一致。

再如，2013 年 9 月，国务院《关于印发大气污染防治行动计划的通知》（国发〔2013〕37 号），明确提出禁止进口高灰、高硫的劣质煤炭，以命令性方式规范煤矿企业进口煤炭行为。2014 年 9 月国家发展改革委、国家能源局、环境保护部等六部门联合组织制定出台的《商品煤质量管理暂行办法》，对煤炭质量第一次提出强制性要求，为此煤矿企业将不得不采取措施推进煤炭清洁高效利用，强化商品煤全过程质量管理。最终达到从源头到终端消费全过程环境友好，提高环境空气质量的目的。

现行的清洁生产标准规制对如生产工艺与装备、废物回收利用、资源能源利用、污染物产生、产品和环境管理等企业生产的全过程制定了相应的标准要求。煤矿企业需要从工艺过程、产品质量等方面进行生态投入，实现由末端治理向主动预防的转变，以满足规制要求。环境制度构成了煤矿企业的"策略背景"，界定并约束了煤矿企业在追求自身效用最大化时所采用的策略。

5.3.1.2 规范性压力

规范性压力主要源自于专业化，专业化包括两个方面：一方面是大学专家提供的认知层面上的正规教育和合法化，另一方面是跨组织的以及新组织模式赖以快速扩散的专业性网络的成长和完善。它的核心思想是企业往往会自主采取一些广泛流行的业界做法。作为社会合法化的一种形式，每个企业的行为都受其外部利益相关者的规范、标准和期望所约束，而消费者的需求往往会形成一种核心的规范压力，并被认为是企业实施绿色环保相关实践的重要驱动力。政府的环保导向反映了社会公众不断高涨的环保需求，环保制度是社会需求、社会意志的制度化，因此环保制度具有规范性压力。同时制度本身具有的引导功能形成的强烈的环保社会效应，反过来使制度的规范性压力进一步强化。煤矿企业作为高能耗高污染企业，受到广泛利益相关者施加的巨大的环境压力，和涉及其相关利益的各种制度约束。

为贯彻党的十八大和十八届三中、四中、五中全会精神，政府印发了关于促进绿色消费的指导意见的通知等文件，并制定了《关于促进绿色消费的指导意见》，旨在促进绿色消费、加快生态文明建设、推动经济社会绿色发展。这些文件从制度层面推动绿色消费理念，使绿色消费理念成为全民共识，其带有的规范性压力促使企业为满足消费者的绿色消费需求，开始大量进行绿色产品研发，开辟绿色产业链。当前，绿色产品市场占有率大幅提高，绿色低碳的生活方式和消费模式基本形成，煤矿企业亟须进行绿色产业升级，才能提高其消费者满意度和市场占有率。

我国公民享有环境权益，因此具有环境保护公众参与的权利：优美、舒适环境的享受权、开发利用环境决策与行为知悉权、开发利用环境决策建言权、监督开发利用环境行为及其举报权、环境权益侵害救济请求权。近年来，我国环境制度越来越重视公众参与环境保护，为此新修订、制定了一些法律、部门规章，如2003 年 9 月 1 号施行《环境影响评价法》、2006 年 2 月 22 号国家环境保护总局发布了《环境影响评价公众参与暂行办法》等，对公众参与做了更深一步的规定。2014 年《环保法》除了在第 5 条明确规定了环境保护的公众参与原则外，还通过新设立的"信息公开与公众参与"专章，从第 53 条至第 58 条分别对知悉权与信息公开的义务、政府信息公开、重点排污单位信息公开、建设单位与审批部门对建设项目环境影响报告书的公开与征求意见、公众对违法行为的举报权利及环境公益诉讼做出了规定。此外，新法其他章节也多处涉及公众参与权利与义务。金融市场上也在完善环境信息公开监督文件，如《社会责任指南》（2015）、《上海证券交易所上市公司环境信息披露指引》（2008）。更多的制度保障公众参与环保监督和话语权，无疑强化了重污染企业特别是煤矿企业环境管制的力度，更为直接地影响煤矿的绿色生态投入行为。

公众和民间环保组织日益成为煤矿企业进行绿色投入、履行环保责任的重要力量。无论是引导绿色消费制度还是公众参与制度，我国正在积极通过制度改革，构建公众参与环保决策机制，充分调动社会监督，推动企业绿色生态投入。利益相关者对环境的利益诉求，得到越来越多的制度保障，对企业不履行环境责任的制约力和对环境决策的影响力等逐渐提高。在绿色消费制度或公众参与制度下，充分的规范性压力促使煤矿企业的经营活动要加强绿色生态投入、完善本企业环保管理体系、建立绿色供应链体系、研发"低污染、资源节约型"的技术产品等，以实现经济效益、生态效益、社会效益的协调发展。

5.3.1.3　模仿性压力

模仿性压力来源于不确定性，就是说竞争环境下，主动模仿国内外行业领先企业的环保创新行为，以获得制度同行带来相对竞争优势而进行生态创新投入。在市场竞争日益激烈的今天，实施绿色环保创新为客户提供环境友好型产品已经成为煤矿企业实施差异化战略、获得新的利润源泉和竞争优势的一种重要手段。企业会密切关注竞争对手的相关战略变化，如果一个关键竞争对手通过实施环保创新行为而吸引了顾客、获得了相对竞争优势，其他企业也会实施绿色环保创新行为。

为建立"安全、高效、绿色"的煤炭产业，国家出台了一系列政策引导文件，例如制定《中国资源综合利用技术政策大纲》、建立国家科学实验室、评选和奖励示范名录等，以技术攻关为原则，为我国矿产资源生态建设提供技术指导。这些制度举措最终的目的是实现资源综合利用先进技术开发、示范和推广应用，其过程就是带动煤矿之间的模仿行为，激励煤矿企业持续改进与完善绿色环保管理，提高资源利用效率，减少废弃物排放。自主申请"国家级绿色矿山试点单位""绿色发展争先认证"等政策，则为绿色生态实践提供"最佳实践"的参照模板。煤炭企业主动模仿国内外行业领先企业的绿色创新实践行为，为其进行煤电节能改造、非化石能源发展、能源体制机制创新等绿色投入决策提供指导。煤炭产业出台的多项生态保护的技术政策为煤矿企业提供学习标杆，起到"你追我赶"争相实施绿色投入的带动作用，从而引导社会资金投向，有效促进煤矿企业环境友好型经济的发展。

另外，我国制定的激励创新体制机制，如环保专项补贴、节能减排补贴、研发补贴等财税政策，优化创新政策供给，调动煤矿企业创新活力竞相迸发、创新成果高效转化。在这些扶持政策的吸引下，煤炭企业不得不模仿行业领先企业进行转型升级，向"低污染、低能耗、资源节约型"的产业转型。这正是环保政策引导功能形成的模仿性压力，有效地调动了煤炭企业相继进行生态投入的积极性。

5.3.2 不同环境规制对煤矿绿色生态投入传导机理

环境制度措施多种多样，不同种类的环境规制运行机制不同，其通过影响煤炭企业实现生他投入的作用机理也必然存在差异。前人研究将环境制度通常划分为：命令—控制型环境规制、市场激励型环境规制以及自愿性协议。由于当前环境制度，命令—控制型和市场激励型基于主导地位，本书不研究自愿性协议。借鉴王书斌的做法，将前两者进一步具体分类为命令—控制型、环境监管、市场激励制度，依次分析不同环境规制工具对煤炭企业生态投入的影响机理。

5.3.2.1 命令—控制型环境制度与环境监管

命令—控制型环境制度主要指为约束企业破坏生态行为，而制定的法律、法规、政策和制度。环境行政管制侧重于强制性技术规制，包括环保标准和规范、规定企业必须采用的技术等。同时，包括环境监督制度作为保障制度。国家和地方政府依托法律的强制力，完善并制定有利于绿色技术创新的规章制度，最终有效地促进煤炭行业绿色转型，逼迫煤炭企业尽可能地购买环保设备和开发环保技术，增加生态投入，如图5-2所示。

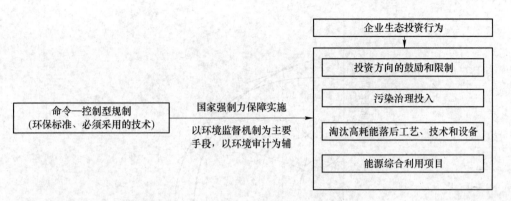

图 5-2　命令—控制型环境制度与环境监管

5.3.2.2　市场激励型环境制度

市场激励型环境制度从价格、财政、税收、金融等方面鼓励企业进行生态投入，按照调节的方向不同，可分为正向市场激励制度和逆向市场激励制度。逆向市场激励制度，主要指以增加排污费用、资源税的方式将环境要素内生于企业生产函数。环境成本上升会促使污染型产品利润下降，高污染产能逐步遭受淘汰，企业会寻求技术投入以提高生产率和降低环境成本，使企业在保证产量增长的同时降低环境污染程度。

正向激励制度，通过制定相关的减免税收、建立绿色信贷市场、专项基金、财政补贴、节能技术改造及淘汰落后产能奖励政策等多种经济政策来限制企业的高能耗、重污染，鼓励引导低消耗、低污染、高效率的产业经济发展。对有利于生态保护的经营活动给予各种补贴和奖励，可以降低因绿色生产而处于市场竞争劣势的生产者的生产成本。税收减免、加速折旧和投入抵免等税收优惠，可以使这些企业获得更高的税后收益，鼓励其进一步的生态投入，同时吸引非绿色生产的煤炭企业放弃不合理的生产方式，实现资源的合理有效利用和产业结构优化。这些财税政策本质上是通过影响企业成本收益，来引导企业资金投入方向，转向更有利于生态的项目上来。

图 5-3 说明了市场激励政策的生产替代效应。假设生产者只生产 X 和 Y 两种产品，其中 Y 为高能耗产品、X 为能耗相对较低的产品。C_1 为生产者的生产可能性曲线，由于随着绿色技术的发展，社会更倾向于生产清洁产品，因此两者的边际转化率是递增的，在图形上体现为生产可能性曲线某点的斜率，所以生产可能性曲线为上凸，其上的点表示在既定的资源和技术水平下，X 和 Y 的相对最大产量，即生产可能性曲线是实现生产的帕累托最优所要遵循的轨迹。

假设市场上有两个消费者。在政府未对高能耗产品 Y 进行财税管制时，由于高能耗产品价格低廉，所以消费者更倾向于消费高能耗产品，交换帕累托轨迹线

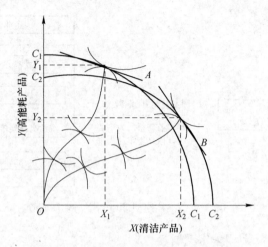

图 5-3　市场激励环境规制对生产的影响

OA，则体现了当时的消费倾向，而且 $A(X_1，Y_1)$ 点，也是两个消费者消费高效率的轨迹线。点 A 同时也是无差异曲线 U 和 C_1 曲线的切点，因此 A 点是生产与消费共同的帕累托最优；A 处的斜率一方面表示没有环境管制前商品 X 和 Y 消费的边际替代率，其大小等于商品的价格之比，另一方面又表示产品 X 和 Y 生产的边际转换率，其大小等于产品的边际成本之比。

由于产品 Y 高能耗且高污染，生产越多也会带来越多的外部负效应，因此，政府决定对其进行逆向市场激励。逆向市场激励使得产品 E 的生产成本增加：一方面，引起市场价格提高，消费者为消费商品 E 需要支付更高的价格，消费者对商品 E 和商品 G 的消费高效率轨迹线变为 OB，商品 Y 相对商品 X 的边际转换率也相应提高；另一方面，由于高能耗产品利润下降，而清洁产品受到政策青睐，获得更多的政府优惠，相当于产生了收入效应，因此生产可能性曲线纵截距减少，横截距增加，生产可能性曲线移动到 C_2，与交换契约线交于 $B(X_2，Y_2)$，此时生产者可以获得最大利润。

从市场激励环境规制前后的情况来看，对高能耗产品进行征税或者收纳排污费改变了企业的生产决策，逐步淘汰落后产能，而将更多的资源用于生态投入进行绿色生产，因而达到低能增效，这就是市场激励政策对生产活动的替代效应。

强制性压力和规范性压力迫使企业取得合法地位，避免违规成本的发生。模仿性压力以增强竞争力为目的，使企业主动绿色转型扩大市场份额，进而获得先动优势。环境规制的不同类型对煤矿绿色生态投入的经济分析，本质上说明了良好的环境制度有利于降低矿区企业绿色转型成本，从而获得更多的绿色收益。制度压力对煤矿绿色生态投入的作用机理如图 5-4 所示。

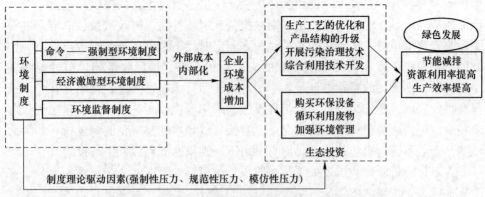

图 5-4　制度压力的对煤矿绿色生态投入的作用机理

5.4 煤矿绿色生态投入动力缺失的制度因素

5.4.1 现有绿色、生态、环保制度的缺陷

绿色模式下我国环境保护政策体系已经初步建立，包括环境法律法规、环境技术标准、环境会计核算以及环境经济激励等制度设计。经济激励包括税收政策、财政政策、排污权交易、生态补偿制度等政策工具。但是现有制度政策之间协调不够、配套措施不足、技术保障不力，一定程度上造成了煤矿企业绿色生态投入动力缺失。

5.4.1.1 环境会计制度不完善

由于煤炭企业对环境事项不进行规范的会计核算，企业破坏自然环境形成的损失不归属于企业的活动支出，导致绿色生态投入得不到重视，企业以牺牲环境来取得利益，环境问题日益加重。我国环境会计处于起步阶段，煤炭行业未形成统一的环境会计核算体系。

首先，煤炭企业环境会计重理论轻实务，使二者相脱节。各煤炭企业环境会计要素分类不统一，环境资产、负债、成本、收益的计量基础多样化，其确认计量仍然是当前的难点，环境信息披露内容格式不一致，缺乏统一的规则、方法和标准。基于自身利益，导致企业进行粉饰环境披露报告，环境会计信息披露"报喜不报忧"，从而降低了各企业间所披露的环境信息可比性与可靠性。

其次，环境会计没有单独确认和计量与环境有关的收入和支出，没有单独反映，会计核算不能详细反映能源耗费和能源综合利用情况，无法评价环境影响的严重性和增量程度，不能有效辨别环境方面潜在的威胁和机遇，治理行为缺少长期规划。

5.4.1.2 经济制度调节力度不够

我国解决环境问题采取的经济手段主要包括财税手段、排污权交易、生态补偿机制等等。其中财税手段使用的历史稍早,但是财政主要从提供环境这一公共产品的角度出发,利用财政支出、财政投资、财政补贴、财政政策、政府采购等手段改善环境质量。而税收的相关税种在制定时就不是以环境保护为出发点,因此即使是财税手段在保护环境领域的应用也很不够。排污收费的调节性就更弱了,我国目前排污收费标准低于污染治理设施运行成本。因此,仍然存在企业选择交排污费而不愿安装运行污染治理设施和采用低排放工艺的现象。激励性税收收益少,惩罚性税收标准低的情况下,直接导致环境规制对企业绿色投入约束力减弱,企业不进行绿色投入,仍然有利可图,则果断放弃绿色生态投入。

生态补偿机制在我国还处于起步阶段,很多都处于探索之中,近年来只是在个别地区、个别领域的尝试,制度和机制的建设、管理、运营也有很多不成熟的地方。矿区生态补偿方式简单单一,仅有矿区生态补偿费与矿山环境质量保证金制度两种补偿方式,且存在缺乏严格的法律依据、补偿标准量化不科学等问题。征收标准偏低且不统一,应缴税费总额远低于生态修复重建工程的费用,并且还没有形成完整的补偿费用征收及使用系统。这些都是造成矿区生态环境不能得到及时治理和资金短缺的原因。

5.4.2　煤矿绿色生态制度的执行力堪忧

5.4.2.1　环境审计运行机制不健全

当前生态补偿资金专款、节能减排专项资金、绿色研发补助等环保专项资金被挪作他用的现象严重,专款专用的制度并未被严格贯彻施行。资金保障不足,生态修复和保护难以进行。2016 年 6 月 29 日,审计署发布的审计公告显示,用于水污染防治的财政资金中,有 176.21 亿元财政资金未能有效使用。截至 2015 年底,中央财政下达 18 个省水污染防治相关资金中,有 143.59 亿元结存在地方各级财政部门,未及时拨付到项目单位;12 个省的地方主管部门和项目单位闲置资金 29.28 亿元;5 个省因决策不当等造成相关资金损失浪费 2.69 亿元;6 个省的 9 个项目单位违规套取资金 6531.57 万元。

目前在我国,环境审计处于探索阶段,没有建立起统一的环境审计标准。完善的环境审计法律法规应当具有监督对象的完整性、监督内容的具体化、监督目标的全面性、制度结构的合理性、立法层次的足够性等特点。然而,目前我国的环境审计法律法规严重不健全,表现为:

(1) 环境审计法律法规存在大量监督空白领域。从对上市公司的环境审计监督来看,《中华人民共和国注册会计师法》仅要求对上市公司披露的环境事项进行考虑。而未要求对其未披露的环境事项进行考虑。但事实上,目前我国环境会计信息披露严重不完整,仅对已披露的环境事项进行考虑的审计规定显然不能够完整监督企业发生的所有环境经济活动。《中华人民共和国政府审计准则》仅规定对环境保护资金的使用情况进行审计，对于其他未涉及资源环境资金的环境经济活动就无法进行有效的监控。《中华人民共和国政府审计准则》对环境审计的规定更是不够具体，只规定对环境资金使用的效益性做出审计，但没有规定如何进行效益性评价。

（2）环境审计制度立法层次不高。我国煤炭工业协会于 2008 年制订的《煤矿环境审计操作指南》的征求意见稿（以下简称"指南"），全社会范围内征求修改意见。这一操作指南对煤矿环境审计准备、实施、评价、报告等都做了详细的规定，特别是提出了一系列的环境审计评价指标，为开展煤矿环境审计提供了有益的指导和借鉴。但是，目前环境审计制度多以条例、法规等形式存在，立法层次不高，导致其缺乏应有的执行效果。

（3）环境审计监督结构不合理。无论是从政府审计、内部审计还是社会审计的运行机制来看，三者协调发展，环境审计的效果才不会大打折扣。从目前我国环境审计的执行主体来看，主要是政府审计在执行环境审计工作，这是一种独立性较差的审计管理体制。该管理体制的核心特点是审计机关在业务上受上级审计机关领导，在行政上受同级人民政府领导，审计所需资金及审计人员的工薪待遇与绩效考核都源自于同级人民政府。因此，其在对同级人民政府的环境保护资金使用情况进行审计监督时，很容易受到地方政府的干扰，也可能因为碍于情面造成其执业上缺乏独立性。

环境审计形成的一种"软约束"、不完善且具有弹性的制度，助长了企业钻制度空白的行为，极大地削减了企业绿色生态投入的动力。

5.4.2.2 环境监管不到位

目前我国矿产资源处于"所有者缺位"状态，公共权力是以委托代理方式运行的，"国家所有"实际上在某种程度被任期有限的政府官员即"代理人"控制。国家能否有效行使代理职能（或实施职能）至少受两大因素的影响。一是实施者有自己的效用函数，主要受政府监管部门自身的业务能力与执法水平，检查的效率，检查成本等因素的影响；二是政府官员考核制度，容易"重经济轻环境"，执法过程容易出现寻租与设租的现象。

政府对煤炭企业的环境监管非常棘手——监管成本较高和检查率偏低，且对企业违法行为的处罚较轻。现行法律规定授权环保部门的行政强制措施主要有"停止建设""停止生产使用""责令限期恢复使用治污设施""责令停业关闭"等，对企业、地方政府的约束力、威慑力还不够强，基层环保部门缺少必要的行政强制权，以罚代管过多。因此，如何设计一套恰当的监管机制，既能使煤炭企业积极提升其环保业绩，又能使政府及时掌握企业的环保业绩并调整相应的管制标准，是有效解决煤炭企业绿色生态投入动力的关键问题之一。

一直以来，我国以 GDP 为主要衡量指标对地方政府进行考核，已明显地扭曲了公共政策。环境保护具有正的外部性，在短期内无法带来明显的经济效益，因而常常被地方政府所忽略。为了取得短期的经济增长忽略环境破坏所付出的代价，或者地方政府开出许多优惠政策吸引企业，如环保标准的降低。另一方面，我国地方各级环保部门受国家环保总局和地方政府的双重领导，由于财权和人事任免权主要取决于地方政府，地方环保部门受置于地方政府对地方经济利益的重视，对环境污染管理难以尽到职责。这些管理体制上的弊端很大程度上助长了环境破坏行为。

我国正处于市场经济转型期，政府职能尚未完全转变，加上法律规范和监督机制不健全，政府对煤炭市场干预和管制随意性强，人为创造"寻租机会"。权力和资本结盟，出现官煤勾结。政府中握有煤矿审批、监管权力的官员与不法矿主进行钱权交易，互为庇护。

目前煤矿环保投入有令不行、屡禁不止的现象，各种政策和法规难以落到实处，环保责任制和各项规章制度没有严格执行，监督检查流于形式，对生态破坏的追究查处不严厉、不彻底，环保验收在落实这个关键环节上便形成"真空"地带。生态环境"旧账不还，新账继续"，更多的是因为缺乏有效的实施机制。

5.4.3　公众参与力量不强

目前我国已有关于公众参与环境保护的原则性规定，但是从总体上说，公众参与环境保护的意识不强，参与的途径不多，方式也比较单一。虽然公众参与在环境保护工作中越来越受重视，但实际上公众在环境保护的具体实践中是处于弱势地位的。主要表现在环境影响评价的决策阶段虽然也开展了公众参与方面的工作，但是由于信息的不对称、对建设项目的信息不够了解，建设项目业主、当地政府的干预等导致公众参与的效果极不理想。同样，在环境保护的实施过程中，公众参与的力量也非常有限，没有达到预定的目标。

5.5　制度缺失条件下煤矿绿色生态投入决策模型

在以上分析的基础上，本节建立制度缺位条件下企业绿色生态投入的成本收益函数模型，通过模型分析说明煤矿绿色生态投资决策与监察和补偿制度缺失的内在联系，揭示煤矿绿色生态投入动力不足的深层次的制度因素。

为简化计算，绿色生态投入的支出简化为环保设备的投入，环保设备应该投入的数量用 n_0 表示，环保设备成本用 a 表示，r 表示环保设备的投入减少数量，那么实际生态投入的环保设备数量为 $n=n_0-r$，其维持环保设备运行的各项费用支出为 c_e，则 $c(r)=c_e$。

假定煤矿企业绿色生态投入不足，达不到国家要求，受到监察部门的检查，受到 f 数量的罚金并承担检查成本 i（假定每次事故承担的罚金和检查成本是相同的），p 表示被发现和调查的可能性。

企业的目标是追求利润最大化，在做绿色投资决策时，企业比较的是达到环境规制基本要求环保投入的边际成本与预期惩罚：

$$\pi = -an - c(r) - p(fn + i)$$

即 $$\pi = -a(n_0 - r) - c(r) - p[f(n_0 - r) + i]$$

企业选择事故降低的水平是以利润最大化为目标的，满足利润最大化的条件是：

$$\frac{\mathrm{d}\pi}{\mathrm{d}r} = 0$$

$$a - c'(r) + pf = 0$$

令 $c'(r)$ 的反函数 $c'^{-1}(r) = g(r)$，则 $r^* = g(pf + a)$。

如图 5-5 所示，随放弃环保设备的数量 r 的增加，运行费用在逐渐的减少，其 $c(r)$ 是减函数。在制度完善、监察到位、罚款实施恰当的情况下，煤矿企业会选择环保投资使得环保设备数量降低在 r^* 水平，在这个水平上的生态投入边际成本等于预期惩罚和制度补偿之和。

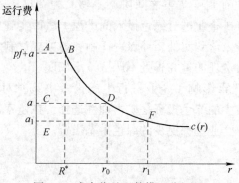

图 5-5 成本收益函数模型分析图

在补偿制度不完善时，企业仍然会选择一定的环保设备投入。这时煤矿企业环保投入为 a，煤矿企业会选择较少的环保投入，使得环保设备数量降低在 r_0 水平，图形 $ABCD$ 的面积就是补偿制度不完善时企业减少的生态投资。

在安全监察缺失或罚款实施机制缺失、存在绿色投入外部性的情况下，企业承担的环保投入 $a_1 < a$，企业会在绿色投入上支出更少，图形 $CDEF$ 的面积就是因制度实施机制不完善而减少的生态投资。

从上面的分析可以看出，在补偿不充分、生态投资存在外部性，同时监察制度缺失、预期惩罚难以实现的情况下，煤矿企业选择较少的生态投资，是"成本-收益"分析的结果，这样企业的预期收益大于成本，企业追求较低的环保水平是追求利润最大化的"理性行为"。企业选择较低的煤矿环保技术水平，较少的人员时间和精力的投入就成为普遍现象，这是导致煤矿环境严重恶化的直接原因。

5.6　小结

在梳理煤炭行业环境制度现状和煤矿企业绿色生态投入动力缺失制度因素的基础上，运用制度经济学进行煤矿企业绿色生态投入的制度驱动分析，在此基础上进一步分析制度缺位对煤矿企业决策的影响，并建立制度缺位条件下企业绿色生态投资的成本收益函数模型，分析补偿制度、监察制度和实施机制存在缺陷的情况下煤矿决策行为，揭示煤矿绿色生态投入动力不足的深层次的制度因素，得出以下结论：

（1）强制性压力和规范性压力迫使企业取得合法地位，避免违规成本的发生；模仿性压力以增强竞争力为目的，使企业主动绿色转型占领市场份额，进而获得先动优势。环境规制的不同类型对矿区生态投入的经济分析，本质上说明了良好的环境制度有利于降低矿区企业绿色转型成本，从而获得更多的绿色收益。

（2）环境会计制度尚未建立、环境审计运行机制不健全、环境监管不到位、经济调节不充分、现有制度政策之间协调不够、配套措施不足、技术保障不力等，极大地阻碍了煤矿企业进行绿色投入的进程。法律实施机制存在缺陷，表现在各种政策和法规难以落到实处，环保责任制和各项规章制度没有严格执行，监督检查流于形式，对责任的追究查处不严厉、不彻底。

（3）制度缺陷严重影响了企业进行生态投资决策时对成本与收益的衡量，补偿制度不完善，较少的绿色投资是矿主理性选择，在监察制度和法律实施制度缺陷时，会使得煤矿企业选择更少的绿色生态投资。

6 煤炭生态产业系统的非线性动力演化机制模型

6.1 煤炭生态产业系统耦合关系

耦合是物理学上的概念，它是指两个或两个以上的体系或两种运动形式间通过相互作用而彼此影响以至联合起来的现象。区域生态工业系统中的耦合包括系统内部耦合和外部耦合两个层面，内部耦合则存在三个层次，即企业内部的耦合、企业之间的耦合和各子系统、区域之间的耦合。在企业内部，通过改进原料、工艺和产品，加强管理，扩大规模，优先进行企业内部的物质和能量循环；在企业之间，延伸产业链，推进企业之间的耦合共生，进行更加充分的物质和能量交换；在区域层次上，与社会、环境、资源相衔接，使工业、社会上产生的废弃物经过再生返回到生产和消费过程，形成物质的闭路循环。其中企业内部耦合是区域生态工业系统建设的基础，只有通过企业内部耦合，才能从源头上达到资源及能源的高效利用，减轻环境压力；通过企业之间耦合，才能消除企业内部耦合和清洁生产难以消除的环境影响；通过工业子系统与区域资源、环境的耦合，可以充分依托区域优势资源，并从区域集中治理角度全面解决工业子系统内部耦合中无法解决的问题。

6.1.1 企业内部的耦合

企业是区域生态工业系统的基本组成部分，区域生态工业系统的目标是在最小参与企业环境影响的同时，提高其经济绩效。因此，体现污染预防思想的排污减量化和再利用是系统内企业必备的条件，企业内部车间或生产要素之间的耦合就成为区域生态工业系统生态化建设的基础。在生态工业内各个企业内部的耦合问题是企业生产要素的耦合，具体表现为企业内部的清洁生产。企业清洁生产是通过对生产的全过程控制，达到废物最小化，也就是如何在满足特定的生产条件下，使其物料消耗最少而产出率最高的问题，并据此提出改进方案，其具体方法包括企业绿色设计、污染预防、能源有效使用及企业内部合作。

6.1.2 企业之间的耦合

在生态工业系统中，通过研究企业副产品和三废的特性及其资源化特征，创建和设计以企业之间副产品和废弃物为主题的企业连接关系，形成一个或多个生态产业链，这种现象就是企业间的耦合。企业间耦合超越了企业内耦合，能够解决企业耦合所难以解决的问题，是提高生态工业系统耦合水平的核心。

企业之间耦合的结构既有链状结构，也有网状结构。链状耦合结构也称为一维结构链，是企业构成要素的直接耦合，体现着诸相关的生态经济要素之间的物质流动、能量转化和信息传递等关系；网状关系是企业耦合结构的发展过程中，使企业间的各种链状耦合结构方式进一步相互联系，最终使整个链状结构耦合成错综复杂的网络结构，使系统内的各企业连接成为相互联系和作用的有机整体。

6.1.3 各子系统之间的耦合

由各个工业企业所组成的工业系统只是区域生态工业系统的一个子系统，它基于其所在区域的资源支撑和环境承载。工业系统的性质、规模、产业结构等在一定程度上与其所在区域资源条件密切相关。同样，工业系统所在区域的土地、水、大气、土壤、生物等环境能否承载工业发展所带来的环境压力，也是区域生态工业系统中工业子系统与环境、资源子系统耦合的重要内容。而如何充分利用区域现有的人力与技术资源，如何通过生态工业体系建设促进区域科技、教育、文化的发展，则是工业子系统与社会子系统耦合的主要内容。

6.2 煤炭生态产业建设模式

6.2.1 建设思路

煤炭生态产业的建设思路是：以节约能源、减少废弃物排放为主要目的，以能源的高效、清洁利用、废弃物的综合利用为主要手段，以技术创新和管理创新为支撑，建立低能耗、低排放、低污染、低扰动的煤炭生态产业。煤炭生态产业发展模式构建思路如图6-1所示。

煤炭生态产业的发展模式是可持续发展思想在矿山发展中的具体化，是生态经济发展理念在矿山发展中的落实。煤炭生态产业就是要在更大的范围内实施节能减排的法则，使得矿山产业的废水、废气、废热、废物成为另一产业的原料和能源，从而大大地突破了环保产业的范围。

6.2.2 总体模式及模式组合

煤炭产业不仅是能源及原材料的生产部门，也是高耗能及材料消耗部门，节约潜力巨大。煤炭产业的环境问题有行业的特殊性，大气环境、生态环境问题比较突出，还要解决安全环境和劳动作业环境问题，比其他行业复杂得多，治理成

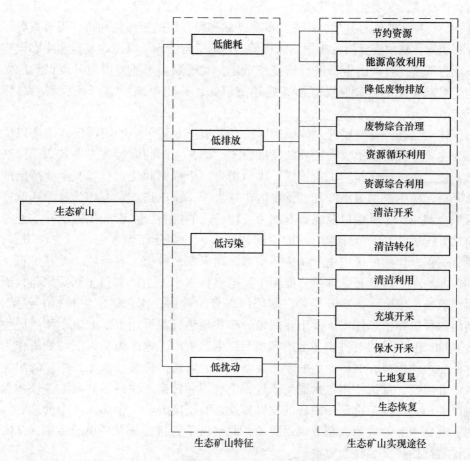

图 6-1 煤炭生态产业发展模式构建思路

本也高得多。资源和能源的稀缺性和有限性、煤炭资源的不可再生性、环境承载力的有限性以及环境问题会造成的灾难性后果，都要求我们在矿山建设时必须突出生态的理念，建设煤炭生态产业链。

　　建设煤炭生态产业的重要理念就是在煤炭开采的过程中，不只把煤炭看作是资源，更要把空气、土地、地下水、周围环境等构成环境生态的这些因素，都当作是一种重要的资源，科学开发、综合利用，把煤矿建设和开采过程中对环境的破坏和影响，用现代科技手段加以抑制和消除。

　　为了真正建成煤炭生态产业，实现其建设目标，煤炭生态产业建设首先必须以资源和能源的稀缺性和有限性以及煤炭资源的不可再生性为基本出发点，突出厉行节约这条主线，并把源头治理作为第一优先级。其次，要以环境承载力的有限性及环境问题会造成的灾难性后果为基本出发点，把清洁生产和提高经济效益结合起来，贯穿整个生产、加工及转化的全过程。也就是要以煤为核心，可通过延长产业链，实现企业内部及上游产业与下游产业的循环，形成生态工业产业链，进行物质的耦合共生，实现内部副产品和废弃物的资源化利用，提升资源综合利用率，减少废弃物的排放，加强矿山环境综合治理，以土地复垦和生态设施农业为重点，对矿山生态进行恢复和重建，实现煤炭工业发展与环境保护的协调。根据煤炭生态产业发展模式构建的思路，构建煤炭生态产业发展的总体模式。

煤炭生态产业发展的总体模式体现了煤炭产业从单一的线性模式走向以生态为主要方式的多重反馈循环的发展模式。矿井生产的原煤首先进入选煤厂洗选，优质的洗精煤作为工业用煤，供给用户用于炼钢和化工。煤炭企业产出的煤矸石、伴生矿物等副产品，排出的矿井水等，在洗选、发电和建材等环节进行综合利用。劣质煤以及煤矸石作为坑口电厂的燃料，采矿产生的矿井水经过净化处理后，一部分作为电厂的冷却循环水，一部分作为选煤厂的生产用水，还有一部分作为厂区内生产及生活用水，用来发展种植、养殖业，尤其是水生种植养殖业。煤矸石处理后，能用于发电燃料、水泥生产燃料、制砖原料，能用于筑路、塌陷区土地开垦等。塌陷区综合治理后，水可供水生种植、养殖，陆地供种植养殖、住宅区及工业用地。矿井地热资源可用于工业生产和居民生活。坑口电厂发的电供矿井生产和水泥厂生产所需，电厂的粉煤灰和炉渣作为水泥生产的配料，电厂产生的余热为办公区、家属区供暖。水泥厂生产的水泥供矿井生产、维护使用，水泥生产过程中利用回转窑产生的余热发电，供水泥生产使用。这种多重反馈循环的发展模式有利于废弃物、余热的集中处理和利用，有利于节约资源、高效利用资源，既解决了直接排放对环境的污染，又实现了良好的经济和社会效益。

煤炭生态产业建设总体模式基本涵盖了煤炭开采、加工、综合开发和利用及发展相关多元化产业链等内容。其中能源、物料循环的主链条是：矿山内各相关产业之间的物料循环。矿井开采的原煤进行洗选实现清洁转化，工业场地内配套建设热电厂和建材生产线，矿井开采及洗选排放混煤、矸石、煤泥等固体废弃物用作电厂的燃料，电厂产生的粉煤灰、灰渣、硫化物和石膏作为生产建材的原料，井下排水经过处理后作为供水水源供给矿井和电厂。除这一条能源生产、消费的主链条外，有三条主要工业废物及资源循环利用链条：一是煤矿在开采过程中涌出的矿井水，通过净化系统处理达标后，用于井上下的生产和绿化，多余部分，用回灌系统注回地下含水层，矿井水达到"零排放"，实现对水资源的保护和循环利用。二是采煤和洗煤过程排出的矸石和电厂粉煤灰、炉渣等工业废渣，可生产水泥、矸石砖、新型墙体材料等建材产品，或用于土壤改良、土地复垦、筑路、充填矿坑等用途，实现低排放甚至零排放。第三条循环链是低热值蒸汽和矿井水、电厂和水泥厂的余热可用于矿井建筑供暖和生活区供热，实现能源的梯级利用和充分利用，以达到少排放甚至零排放、环境保护、生态恢复的生态目标。

煤炭生态产业建设总体模式全面，全过程、全方位地对矿山开采及相关活动进行综合改造和治理。发展低碳生态的高端循环经济，最主要表现在提高煤炭资源回收率、土地和水的节约复用以及节电、节约原材料等方面，参见图6-2。一是煤炭开采过程中，通过保水开采、清洁开采、矸石废旧巷道充填不升井、水源热泵应用技术等技术手段千方百计提高煤炭资源回收率，最大限度地避免开采和加工过程中造成的资源浪费，提高各种资源的利用率。二是大力节约煤炭工业自身生产、加工过程中的能耗及物耗，通过应用封闭煤场防尘技术，减少污染物排放和资源回收。三是把综合开发和综合利用作为充分利用资源、实现生态环保的重要手段。煤炭资源燃烧后，虽然不能实现一级资源化，但燃烧后产生的灰渣仍可作为二级资源化的资源，如发展水泥及新型建材等。水的回收和土地复垦等均可实现一级资源化。提高煤矸石和煤层气的利用率，尽量将其作为资源全部利用，步入利用和治理相结合的良性循环。通过劣质煤—矸石电厂—水泥厂的循环，实现资源能源的综合利用、清洁利用和高效利用，对高硫煤应用高硫煤烟尘脱硫技术，一方面减少污染物排放，另一方面利用了更多的资源。利用矿井独有的低温热源特点，通过研制高效矿井回风热交换器，利用矿井回风温差作为能源，实现机组冬季采暖夏季制冷的目的，达到了利用地热能源代替锅炉目的。通过矸石电厂冷却水余热利用技术、水泥厂窑头余热发电技术的应用，使得资源的利用率全面提高，实现了生态环保的目标。四是把矿区生态环境可控作为目标。通过应用综合机械化充填采煤技术，不但避免了地面沉陷，保护了土地，而且使得矿区地面沉陷实现可控。目前我国正在研究新的煤炭开采理论体系，实现在设计井下开采的同时，根据水文地质条件、地面实际状况，统一设计矿区地面生态面貌，建成煤炭生态产业，使矿区生态环境可控成为可能。

由于我国不同矿井赋存条件不同，地面生态、地形、地貌也不同，具体来说，煤炭生态产业建设应有多种模式，以上设计的是最全的模式组合，煤炭企业可根据自身情况在以上模式组合中选择不同的发展模式：如煤-废弃物利用、煤-洗选、煤-电、煤-建材、煤-洗选-电、煤-洗选-电-建材模式等，其中，煤-洗选-电、煤-洗选、煤-电的模式如图6-3和图6-4所示。无论何种模式，都要做到没有废弃物外排，只有产品出来到最终用户。

总之，煤炭生态产业发展的模式应以生态环保为指导，以技术创新为支撑，通过综合利用、循环利用、高效利用、综合治理等手段，实现减少破坏、降低排放和生态恢复，以最终实现节能减排、保护环境、生态恢复的和谐发展目的。

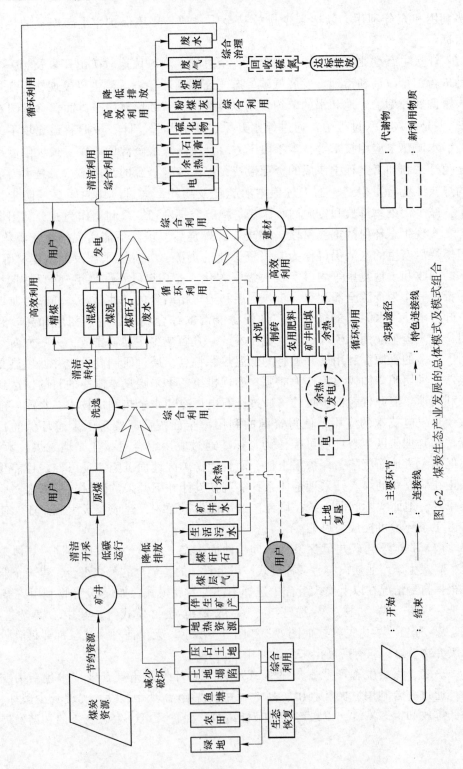

图 6-2 煤炭生态产业发展的总体模式及组合

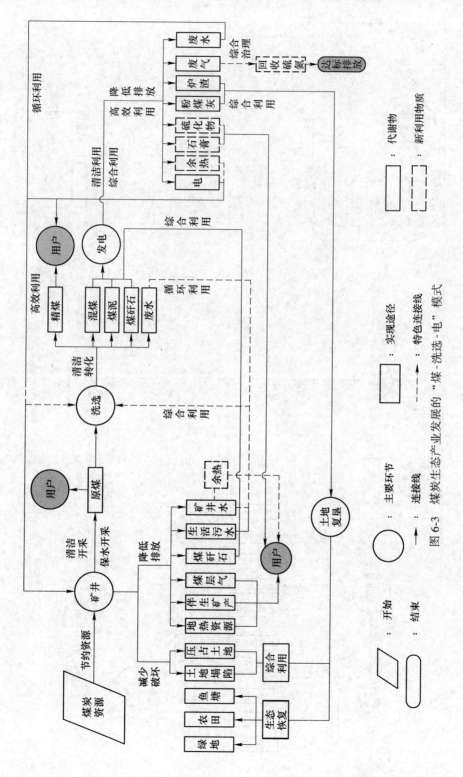

图 6-3 煤炭生态产业发展的"煤 - 洗选 - 电"模式

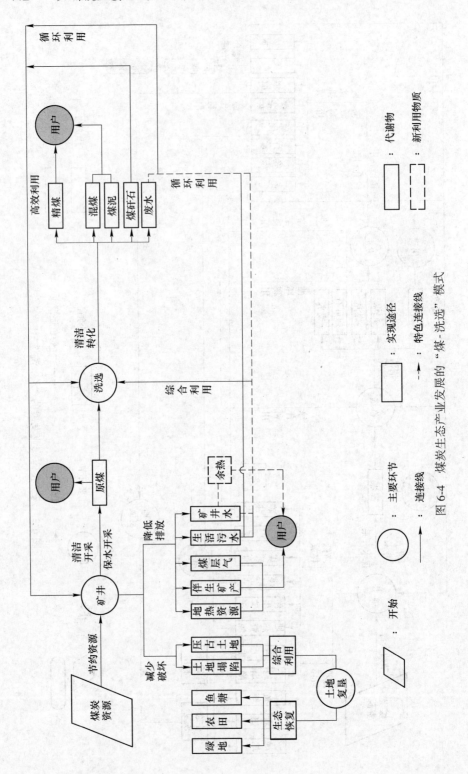

图 6-4 煤炭生态产业发展的"煤-洗选"模式

6.3 煤炭生态产业系统演化机制的 Logistic 模型

6.3.1 演化的非线性特征

煤炭生态产业系统是一个复杂的巨系统，其内部企业之间存在着市场竞争、资源竞争，技术进步与创新对行业结构、企业生产方式产生着深刻的影响，系统中的制度因素如行政、法律、行业规范等也同时作用于企业的经济行为中。这些因素相互作用，随着时间的递延、内外部环境的变迁，企业生产产品、提供服务所发生的资源消耗行为必然受制于这种系统复杂因素的共同作用，同时发生权变和演化。各种因素对煤炭生态工业系统产生了强大的交互作用，这就是非线性相干机制。

在非线性相干机制作用下，煤炭生态工业系统的生态化实质上属于非线性系统演化。在系统线性发展逻辑中，线性生态演化的重要特征是演化的单向性，在政府制定的旨在构筑煤炭生态工业的激励和约束机制下，系统演化取决于系统内组织的正反馈功能，即在激励与约束机制的作用下，系统偏离初始状态的倾向不断增强。煤炭工业生态化的具体表现就是只要存在着激励性政策和约束性法规，企业就会由传统的"资源-产品-污染排放"型生产模式单方向地向"资源-产品-再生资源"型模式转变，但实践证明事实并非如此。事情并非简单到只要颁布资源环境法规、树立生态工业示范典型、制定清洁型企业定额就一定能建立起资源循环使用、能量生态链接的生态工业模式。例如在现实中，企业出于成本或制度原因会选择缴纳排污费，拒绝使用节能、环保型技术，会停止废弃物处理设备的使用，选择直接向大气、土壤和河流排污等。由此可见，有很多因素会对煤炭工业系统产生交互作用，这种非线性相干机制的存在使得工业系统生态变革并非是单向收敛的，即所有系统内企业经过特有的政策机制都会转变为生态型企业。事实上，真实的煤炭生态工业系统的演化是一种要复杂得多的、渐进的、非线性的系统演化。

6.3.2 模型构造与演化

生物学中经常用 Logistic 模型描述某种种群增长的规律，有时也用它刻画种群之间的相互作用关系（如竞争或共生等）。煤炭生态产业理念强调煤炭生态产业体系可以模仿自然生态系统中生物种群之间的共生关系，在不同企业间建立物质和能量的关联与互动关系。因此，在对煤炭生态产业系统演化机制的研究中运用 Logistic 种群变化模型对拟合现实中的煤炭生态产业建设问题具有较强的贴切性。

为此，需要做的假设前提如下：

（1）系统中的企业由生态型和非生态型两类企业种群构成，由于资源禀赋、环境的约束，在为研究而假设的系统中，企业种群的数量总和存在上限 N。

（2）在一个特定的系统中，两类企业种群之间在资源利用方面具有重叠关联性，即两类种群都可能依赖相同的能源和原材料（生态竞争关系），也包括在企业群落中一个企业需要另一企业的废物或副产品作为能源和原料的情况（生态共生关系）。因此，设两类企业种群的资源利用重叠关联度为 $\gamma(0 < \gamma < 1)$。

（3）政府用于支持煤炭生态产业建设和发展的政策措施具有稳定性，即长期保持不变。

（4）企业的决策者理性水平有限，因而企业的经济行为也表现为有限理性特征。再加上煤炭生态产业系统所处的区域政策、技术和市场信息不完全、不对称，所以，煤炭产业系统的生态化行为对于整个系统和每个企业来说是一个需要经过认知学习、渐进演化的过程。

构造 Logistic 模型方程来研究区域煤炭生态产业系统内非生态型企业与生态型企业之间的演化。

x、y 分别表示生态型、非生态型企业数量，t 表示时间，则 $X = \partial x/\partial t$、$Y = \partial y/\partial t$ 分别反映生态型、非生态型企业种群的增长情况，α 表示系统内生态型企业在单位观测周期内平均增长率，也就是在相应的制度和潜在利益的激励下、在相关技术的匹配下，非生态企业到生态企业的平均转化率。与之对应，由于技术实施成本高、经济群落内有生态链接的企业较少、环境执法不严、企业领导的有限理性导致的认知偏差或是由于企业伦理弱化产生的投机行为等原因，生态型企业退化为非生态型企业的概率为 β，同时也表示非生态型企业在单位观测周期内的平均增长率。生态工业系统的非线性演化机制如下列微分方程推导过程所示：

$$\begin{cases} X = \alpha x(N - x - \gamma y) - \beta x \\ Y = \beta x(N - y - \gamma x) - \alpha x \end{cases} \tag{6-1}$$

令

$$\begin{cases} X = \alpha x(N - x - \gamma y) - \beta x = 0 \\ Y = \beta x(N - y - \gamma x) - \alpha x = 0 \end{cases} \tag{6-2}$$

两方程联立，先求出系统的 4 个平衡点：

$$\begin{cases} A = (0,\ 0) \\ B = \left(\dfrac{\alpha N - \beta}{\alpha},\ 0 \right) \\ C = \left(0,\ \dfrac{\beta N - \alpha}{\beta} \right) \\ D = \left(\dfrac{\beta[\alpha N(1 - \gamma) - \beta + \alpha^2 \gamma]}{\alpha\beta(1 - \gamma^2)},\ \dfrac{\alpha^2(2\gamma - 1) + \beta(\alpha N - \gamma)}{\alpha\beta(1 + \gamma)} \right) \end{cases} \tag{6-3}$$

令：

$$\frac{\beta[\alpha N(1 - \gamma) - \beta + \alpha^2 \gamma]}{\alpha\beta(1 - \gamma^2)} = M > 0 \tag{6-4}$$

$$\frac{\alpha^2(2\gamma - 1) + \beta(\alpha N - \gamma)}{\alpha\beta(1 + \gamma)} = W > 0 \tag{6-5}$$

然后计算偏导数的雅可比矩阵：

$$\mathbf{D}Z = \begin{bmatrix} \dfrac{\partial X}{\partial x} & \dfrac{\partial X}{\partial y} \\ \dfrac{\partial Y}{\partial x} & \dfrac{\partial Y}{\partial y} \end{bmatrix} = \begin{bmatrix} \alpha N - 2\alpha x - \alpha\gamma y - \beta & -\alpha\gamma y \\ -\beta\gamma y & \beta N - 2\beta y - \beta\gamma x - \alpha \end{bmatrix} \tag{6-6}$$

把四个平衡点 A、B、C、D 依次代入 DZ 中，得到：

$$\mathbf{D}Z^A = \begin{pmatrix} \alpha N - \beta & 0 \\ 0 & \beta N - \alpha \end{pmatrix} \tag{6-7}$$

$$\mathbf{D}Z^B = \begin{pmatrix} \beta - \alpha N & \gamma\beta - \gamma\alpha N \\ 0 & \beta N - \gamma\beta\left(N - \dfrac{\beta}{\alpha}\right) - \alpha \end{pmatrix} \tag{6-8}$$

$$\mathbf{D}Z^C = \begin{pmatrix} \alpha N - \gamma\alpha\left(N - \dfrac{\alpha}{\beta}\right) - \beta & 0 \\ \gamma\alpha - \gamma\beta N & \beta - \alpha N \end{pmatrix} \tag{6-9}$$

$$\mathbf{D}Z^D = \begin{pmatrix} \alpha N - 2\alpha M - \alpha\gamma W - \beta & -\alpha\gamma M \\ -\gamma\beta N & \beta N - 2\beta W - \gamma\beta M - \alpha \end{pmatrix} \tag{6-10}$$

求解 $\mathbf{D}Z^A$、$\mathbf{D}Z^B$、$\mathbf{D}Z^C$。

特征值出现（计算过程从略）的特征方程，在各自所得到的特征值中，都有正实部，根据微分方程稳定性原理，A、B、C 三个平衡点是不稳定的，尤其点 $A = (0, 0)$ 被称为"源点"，代表系统中元素为 0 时的状态，无实际讨论意义。B、C 两点被称为"鞍点"，说明了企业群落演化中出现的两个分岔效应：一是最终全部进化为生态型企业；二是最终全部回归为非生态型企业。但这是两个稳定性较差的鞍点，现实出现概率很小。

6.3.3 稳定状态点分析

企业群落非线性生态演化的稳定状态见之于对 $\mathbf{D}Z^D$ 的分析。

考虑式（6-10）：

因为 $\dfrac{\beta[\alpha N(1 - \gamma) - \beta + \alpha^2\gamma]}{\alpha\beta(1 - \gamma^2)} = M > 0$，且 α、β、γ 之间的乘积值可以被忽略，所以 M 可以近似地计算为：

$$M \approx \frac{N}{1 + \gamma} = \delta \tag{6-11}$$

同理得：

$$W \approx \frac{N}{1 + \gamma} = \delta \tag{6-12}$$

$\mathbf{D}Z^D$ 的特征方程可以表示为：

$$\{\lambda - \alpha[N - \delta(2 + \delta)] - \beta\}\{\lambda - \beta[N - \delta(2 + \delta)] - \alpha\} - \alpha\beta\gamma^2\delta^2 = 0 \tag{6-13}$$

因为 $0 < \gamma < 1$，所以 $2M \approx 2W = 2\delta > N$，所以 $[N - \delta(2 + \gamma)] = \eta < 0$。
特征方程可以近似表示为：

$$(\lambda - \alpha\eta)(\lambda - \beta\eta) - \alpha\beta\gamma^2\delta^2 = 0 \tag{6-14}$$

特征根　　$$\lambda_1 = \frac{\eta(\alpha + \beta) + \sqrt{\eta^2(\alpha - \beta)^2 + 4\alpha\beta\gamma^2\delta^2}}{2} \tag{6-15}$$

$$\lambda_2 = \frac{\eta(\alpha + \beta) - \sqrt{\eta^2(\alpha - \beta)^2 + 4\alpha\beta\gamma^2\delta^2}}{2} \tag{6-16}$$

因为 λ_1 和 λ_2 的实根部都为负数，所以可以判断

$$D\left(\frac{\beta[\alpha N(1 - \gamma) - \beta + \alpha^2\gamma]}{\alpha\beta(1 - \gamma^2)}, \frac{\alpha^2(2\gamma - 1) + \beta(\alpha N - \gamma)}{\alpha\beta(1 + \gamma)}\right)$$

点为稳定或是渐进稳定的平衡点。

对于系统的这个平衡点，人们关心的是它所反映的系统状态，即系统中生态型的企业与非生态型企业各自数量谁占优的问题。对此讨论如下，令：

$$\frac{\beta[\alpha N(1 - \gamma) - \beta + \alpha^2\gamma]}{\alpha\beta(1 - \gamma^2)} - \frac{\alpha^2(2\gamma - 1) + \beta(\alpha N - \gamma)}{\alpha\beta(1 + \gamma)}$$
$$= \frac{\alpha^2[1 + 2\gamma(\gamma - 1)] - \beta[\alpha - \gamma(\gamma - 1)]}{\alpha\beta(1 - \gamma^2)} \tag{6-17}$$

因为 $0 < \gamma < 1$，所以 $1 + 2\gamma(\gamma - 1) > 0$。

比较 $\alpha^2\{1 + 2\gamma(\gamma - 1)\}$ 与 $\beta\{\beta - \gamma(\gamma - 1)\}$，讨论得：

若 $\beta \geqslant \gamma(\gamma - 1)$，当 $\dfrac{\alpha^2[1 + 2\gamma(\gamma - 1)]}{\beta[\beta - \gamma(\gamma - 1)]} > 1$ 时，生态型企业数量占优；当

$\dfrac{\alpha^2[1 + 2\gamma(\gamma - 1)]}{\beta[\beta - \gamma(\gamma - 1)]} < 1$ 时，非生态企业数量占优。

若 $\beta < \gamma(\gamma - 1)$，则一定有

$$\frac{\alpha^2[1 + 2\gamma(\gamma - 1)] - \beta[\alpha - \gamma(\gamma - 1)]}{\alpha\beta(1 - \gamma^2)} > 0 \tag{6-18}$$

此时系统演化的结果是生态型企业占优。

根据以上 Logistic 非线性演化模型的推导，可以看出，当企业的资源利用存在重叠关联度 γ，工业系统内部存在着非生态型企业的生长率 β 时，对工业系统或是企业群落而言，长期中生态型企业与非生态型企业各自以一定的比例互相混合存在表现为一种稳定的系统状态。只要这个退化率 β 存在，系统内就会生存着一定规模的非生态型企业种群。两类企业种群数量演化的稳定状态是一个复杂的问题。当 $\beta \geqslant \gamma(\gamma - 1)$ 时，两类企业种群的演化会出现两个稳定的状态：或者生态型企业数量占优，或者非生态型企业数量占优。这取决于 α、β、γ 三个内生影响因子之间的共同作用。相反，若当 $\beta < \gamma(\gamma - 1)$ 时，系统的稳定态只有一种，

即生态型企业数量占优，这也正是人们所期望的生态化改造效果。

6.4 煤炭生态产业系统演化影响因素的灰色关联模型

通过构建煤炭生态产业系统演化机制的 Logistic 模型，可以分析出，在何种情况下，生态型企业的数量占优，从而为进一步分析煤炭生态产业系统演化的各类影响因素提供思路。通过 Logistic 模型的演化发现，企业的资源利用重叠关联度 γ、煤炭产业系统内部存在的生态型企业的生长率 α、非生态型企业的生长率 β 是决定演化方向的主要决定因素。那么又是哪些因素影响了这三个变量条件之间的关系，就需要进一步的探究。

自 2012 年以来，煤炭行业进入发展低谷期，国家对于产能过剩出台了一系列"去产能"政策，煤炭产业生态化的投入受到相关政策变化的影响，因此有必要对当前煤炭产业生态化的评价结果与其影响因素之间做深层次的因果分析。考虑所提到的几类影响煤炭生态产业系统演化的因素中，哪些因素在当前经济环境下，对煤炭生态产业系统演化产生较为关键的影响。

企业的资源利用重叠关联度 γ、煤炭产业系统内部存在着生态型企业的生长率 α、非生态型企业的生长率 β 不易直接获得原始数据，很难直接分析出影响三者的具体因素，而且，不同演进结果不取决于某一因素的具体数量，而是取决于三者之间的数量关系。所以，可以对煤炭生态产业演化程度进行评价，从而推出 γ、α、β 三者之间处于不同演进条件下的演进结果。另外一方面通过构建灰色关联模型，分析煤炭生态产业演化程度与主要参考因素之间的变化趋势，从而找到影响煤炭生态产业演化的主要因素。并可以从三种量级——结果性指标趋势、综合指标趋势、分部分指标趋势变化，来探究不同类型煤炭企业生态产业系统的演化规律和特征。最后，通过总投资-污染排放总量，进行主要因素与煤炭生态产业演化程度的因果分析。

本节选取神华集团、冀中能源两家煤炭上市公司 2010~2015 年的部分数据作为研究对象，构造灰色关联模型，做上述分析。

6.4.1 模型构造

6.4.1.1 灰色关联分析法

灰色关联分析法是用来描述和比较系统发展变化态势的研究方法，通过对灰色关联度的计算，描述系统之间因素关系的强弱、大小和次序的相对变化的情况，如果因素变化趋势相对一致，则认为两者关联度较高；反之，则两者关联度较低。其计算方法为：设定分析序列，设目标数列（母数列）为 $X_0(k) = \{X_0(1), X_0(2), \cdots, X_0(n)\}$，参考数列（子数列）为 $X_i(k) = \{X_i(1), X_i(2), \cdots, X_i(n)\}$，$i = 1, 2, \cdots, m$；$k = 1, 2, \cdots, n$，其中 m 为参考数列个数，n 为数列的长度指标（可以为年份等）。$X_0(k)$ 与 $X_i(k)$ 之间的灰色关联系数计算公式为：

$$\xi_i(t) = \frac{\min_i \min_k |x_0(k) - x_i(k)| + \rho \max_i \max_k |x_0(k) - x_i(k)|}{|x_0(k) - x_i(k)| + \rho \max_i \max_k |x_0(k) - x_i(k)|} \tag{6-19}$$

式中，ρ 为分辨系数，表示系统或各子因素对关联度的间接影响程度，$0 < \rho < 1$，通常 $\rho = 0.5$。最后得到灰色关联度为 $\delta_i = \frac{1}{n} \sum_{k=1}^{n} \xi_i(k)$。

6.4.1.2 目标数列的选取

由于衡量煤炭生态产业系统演化程度的指标众多，分析单一指标并不能完全代表企业的生态演化程度，以多个单一指标分别作为目标数列，与参考数列建立灰色关联度模型，得到多组灰色关联度再平均会增加计算的复杂性。因此，对于灰色关联模型的目标数列，参考煤炭生态产业建设的多项标准，由专家评分的方法选出主要的评价指标数列，以原始数据去除量纲后再加权平均的方法，构造衡量煤炭生态产业系统演化程度的综合一级指标 X 作为灰色关联模型的目标数列。在灰色关联模型目标数列二级指标的选取方面，主要考虑以下影响因素：

（1）节能情况。矿山资源与能源消耗指标，反映了节能降耗，推进绿色生态建设，从源头上降低资源消耗的程度。主要包括采区回采率、单位产品能源消耗。

（2）减排情况。矿山污染减排指标，主要是指废水、废气、废渣等最终排放量减少程度指标，反映了通过技术创新、管理创新、观念转变，从源头上减少资源消耗和废物产生，降低废物最终排放量、减轻环境污染的效果。

（3）资源综合利用情况。矿山资源综合利用指标，主要是指伴生矿产、矿井水、煤层气、煤矸石等伴生资源及废物的资源化综合利用指标，反映了其转化为资源的程度，即资源化的成效，体现了低碳经济和煤炭生态产业的内涵。

根据专家权重评分的集中度和数据的可获取性，模型中选取的构成煤炭生态产业系统演化程度的综合指标 X 的二级指标包括：万元产值综合能耗、采区回采率、煤矸石综合利用率、矿井水综合利用率、单位产品 SO_2 排放量、单位产品 COD 排放量、单位产品固废排放量等。

6.4.1.3 参考数列的选取

在灰色关联模型参考数列的选取方面，主要考虑以下影响因素：

（1）科技投入。煤炭企业在煤炭开采和加工过程中，会伴随有大量的有害气体、烟尘和废渣的排出，这些排放物会对人类的生存环境和生态平衡造成破坏。目前国家能源发展都已转向生态、环保、高效、节能方向。煤炭企业加强科技投入，不仅是执行国家能源发展战略和产业发展的相关政策，同时，企业的生态科技创新能力也会得到增强，技术成果转化为生产力，就可以不断地通过生态技术创新来增强企业的综合实力和盈利能力，进一步提高节能减排的效果，创造清洁、高效的煤炭产业链，创造环保的产品，促进企业的营收，增强企业的市场竞争力，提升企业的生态化水平。

（2）人员投入。企业运行离不开人，加强煤炭企业的人员投入，特别是聘用具有战略眼光的企业家、高水平知识人才，加强员工技能培训，有利于优化煤炭生态产业系统建设的管理，推动企业的生态科技创新，提高企业的生态化工作效率，减少人力资本的浪费。同时，也有利于形成良好的企业生态文化并使之得到较好的贯彻和执行，带动煤炭企业生态化的演进进程。

（3）制度执行情况。在环境与资源的压力要求下，除了依靠市场的作用外，为实现国家能源结构调整和煤炭产业生态化系统的建设，政府出台的一些环境政策和法律法规也使得煤炭企业间接受制于政府的环保政策措施，进而主动进行生态投入，落实相关政策。此外，政府还借助经济手段的杠杆作用，使企业的支出费用与其排放的废物量相挂钩，在控制企业成本的基础上达到促进煤炭企业向生态型产业系统演化的进程。企业只有通过保障绿色生态投入，完善生产设施改造和技术进步，落实行业其他优惠政策，才能保障生态建设效果并推动煤炭产业生态化进程。

（4）企业经济效益。任何经济主体都在不断追求长远的经济发展，煤炭企业也不例外。企业的经济效益，反映了企业产品在市场的需求和市场的竞争地位。经济利益作为核心驱动力，尽管不是直接影响煤炭生态产业系统演化的主要因素，但却间接影响了整个生态化投入效率和效果。而在当前经济环境下，煤炭企业如果停滞不前、不求创新，则只能被市场无情地淘汰。煤炭作为不可再生资源，随着开采量和使用量的增加，剩余量会不断减少，但是煤炭产业及其生产规模却在不断扩大，这就使得煤炭行业的市场竞争程度愈加激烈，煤炭企业处于这种激烈的市场竞争压力下会积极推进煤炭生态产业系统的演化以谋求出路。

在参考数列方面，选取了与产业科技相关的资金投入比重、与人力资本相关的资金投入比重、节能减排基础设备的资金投入比重、企业的销售净利率4个指标做数据分析，分别对应考察科技投入、人员投入、制度执行与落实情况、企业经济效益因素对煤炭生态产业系统演化的相关度，进而判断四类主要影响因素的影响程度。

6.4.1.4 数据来源与分析方法

本节选取神华集团、冀中能源两家煤炭上市公司2010~2015年的部分数据作为研究对象，构造灰色关联模型，结合近几年煤炭生态产业系统演化程度逐步走低的情况和相关的原始数据进行深层次分析。模型采用的原始数据如表6-1、表6-2所示。对模型数据和结果进行分析，神华集团和冀中能源所代表情况是有区别的。从相关系数结果分析看，煤炭生态产业系统演化程度与企业人员投入、制度执行与落实情况关系系数值较高，与科技投入、企业经济效益的关系系数值较低。

表6-1 神华集团煤炭生态产业系统演化影响因素灰色关联模型原始数据表

		目标数列 煤炭生态系统演化程度综合指标							参考数列 X			
指标		万元产值综合能耗	采区回采率	煤矸石综合利用率	矿井水综合利用率	单位产品SO₂排放量	单位产品COD排放量	单位产品废固排放量	科技投入比重 科技投入	人员投入比重 人力投入	节能减排投入比重 基础设备	销售净利率 经济效益
权重		0.1924	0.1931	0.0665	0.0373	0.1012	0.1572	0.2523				
单位		吨标准煤/万元	%	%	%	g/t	g/t	kg/t	%	%	%	%
时间												
2010年	神华	2.00	83.9	28.19	39.04	155.69	14.23	43.15	1.31	7.7	1.24	11.81333
2011年		1.95	86.6	27.9	35.34	145.44	14.54	48.24	1.87	8.09	0.78	17.29177
2012年		1.98	87.4	26.9	47.44	644.74	12.5	59.87	1.06	9.02	0.49	22.21428
2013年		2.18	87.76	4	55.24	540.71	9.75	66.89	0.55	10.48	1.41	19.62917
2014年		2.43	88.56	7	60.33	466.41	8.81	62.36	0.48	10.87	1.81	18.59207
2015年		3.14	89.19	20.14	67.52	450.34	7.48	69.13	0.48	15.1	2.15	13.13838

表6-2 冀中能源煤炭生态产业系统演化影响因素灰色关联模型原始数据表

		目标数列 煤炭生态系统演化程度综合指标							参考数列 X			
指标		万元产值综合能耗	采区回采率	煤矸石综合利用率	矿井水综合利用率	单位产品SO₂排放量	单位产品COD排放量	单位产品废固排放量	科技投入比重 科技投入	人员投入比重 人力投入	节能减排投入比重 基础设备	销售净利率 经济效益
权重		0.1924	0.1931	0.0665	0.0373	0.1012	0.1572	0.2523				
单位		吨标准煤/万元	%	%	%	g/t	g/t	kg/t	%	%	%	%
时间												
2010年	冀中	2.79	93.4	80	76	10.64	0.5957	14.18	0.33	6.73	2.4163	8.211545
2011年		2.78	93.4	80.8	77.3	9.77	0.5315	15.27	0.19	5.41	2.1131	8.11096
2012年		2.76	93.7	85.45	77.3	11.56	1.1871	14.72	0.59	6.06	1.3213	7.697321
2013年		2.75	93.8	80.4	77.35	13.45	0.9896	14.59	0.51	6.12	1.3583	4.344772
2014年		2.72	93.9	80.42	77.5	15.47	1.1238	15.67	0.44	5.36	1.1728	-0.89638
2015年		2.70	94	80.5	77.4	14.32	1.0163	15.92	0.13	5.86	1.0332	2.420144

6.4.2 中国神华生态产业系统演化及影响因素分析

6.4.2.1 中国神华生态产业系统描述

神华集团积极贯彻落实"坚持节约资源和保护环境"的基本国策和"推进生态文明、建设美丽中国"的有关要求，努力建设"节约环保型"企业，着力推进绿色发展、循环发展、低碳发展。运用先进技术、工艺装备，强化管理，转变经济增长方式等措施，取得能源、原材料等单位资源消耗显著降低，实现资源利用效率最大限度提高，污染物的最少排放和生态环境最佳保护。

作为中国最大的煤炭业巨头，神华集团顺应能源革命的要求，于2014年5月启动了"1245"清洁能源发展战略，全面推进企业转型升级。神华新的发展战略的核心，是要创建世界一流清洁能源供应商。既要做清洁能源供应的推动者、实践者、领跑者，也要做清洁能源技术方案的解决者、提供者、服务者。积极推动能源互联网的构建，大力发展新能源与发展节能环保产业，实现传统能源清洁开发、绿色转化、高效利用。进一步提高履行社会责任的能力，多方面提升神华集团的核心竞争力。

神华以煤炭为能源产业链发展基础，加快实施节能环保重点工程，建成投运了集检测、预警和对标为一体的在线监测平台，覆盖14家子分公司的117家生产企业。开展节能环保管理、节能降耗与治污减排、生态建设与温室气体减排等工作。从节能环保整体看，全面完成"十二五"节能环保考核任务，煤炭产值能耗等多项指标继续保持领先，164项节能环保重点工程实施，累计投资42亿元。2015年共批复科技项目123项，经费预算总额16.13亿元。全年共安排研发经费26.89亿元，围绕重大采掘装备研制、煤炭绿色开采、燃煤电厂超低排放CFB机组高效燃烧、重载铁路关键技术与核心装备研制等领域开展重大技术攻关。大力实施"煤矿绿色开采关键技术与示范工程"等神华集团2015年十大重点科技创新项目。

在清洁发电方面，燃煤超低排放机组达47台，共计2465万千瓦，占煤电总装机容量的35%，占全国超低排放机组28%，确立在火电清洁发电领域领导地位。风电、光伏、水电等可再生能源装机超过610万千瓦，后续发展储备充足，核准风电、光伏等可再生能源发电项目15个，合计规模138万千瓦。

在能源清洁开发方面，神华集团首个国家重点实验室——"煤炭开采水资源保护与利用"国家重点实验室获正式批准，国家科技支撑计划项目"大型能源基地生态恢复技术与示范"、863项目"数字矿山关键技术及应用研究"获得成功，引领煤炭清洁开发，抢占行业制高点。新疆煤基新材料项目于2016年上半年建成，陕西甲醇下游加工项目全面建成，榆林CTC项目获国家发改委核准。

在科技创新与技术标准制定方面，2015年获省部级以上奖59项、国家科技进步奖 2 项，2015 年完成专利申请超过 1198 件，发明专利授权量同比增长 59%，"一种矿井地下水的分布式利用方法"发明获得第十七届中国专利金奖。在技术标准制定方面，集团公司参与制定的《煤化工术语》等 11 项国家标准正式发布实施，截至目前累计参与制定国家标准达 37 项。

6.4.2.2　中国神华生态产业系统演化趋势

选取神华集团 2010~2015 年衡量煤炭生态产业系统演化的 7 个二级指标实际数据，包括：万元产值综合能耗、采区回采率、煤矸石综合利用率、矿井水综合利用率、单位产品 SO_2 排放量、单位产品 COD 排放量、单位产品固废排放量。先以 2015 年数据为基年数据去除量纲，绘制结果性指标趋势图（图 6-5 和图 6-6），再根据实际数据的正负理想值的方向，参照式（6-20）、式（6-21）调整数列，以德尔菲法和层次分析法得到的评价结果为权重计算加权平均数，绘制综合指标趋势图（图 6-7）。最后，再以节能、减排、综合利用为分类依据，计算各类指标加权平均数，绘制分部分指标趋势图（图 6-8）。

$$X_i'(k) = \frac{X_i(k) - \min_k X_i(k)}{\max_k X_i(k) - \min_k X_i(k)} \tag{6-20}$$

$$X_i'(k) = \frac{\max_k X_i(k) - X_i(k)}{\max_k X_i(k) - \min_k X_i(k)} \tag{6-21}$$

式中，$X_i(k)$ 表示某项二级指标第 k 年去除量纲后的值。

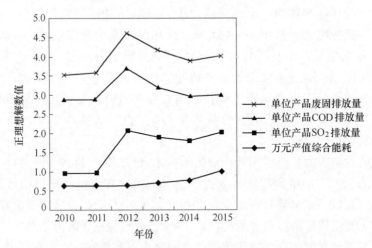

图 6-5　结果性指标趋势图（正理想解方向负无穷）

A　结果性指标趋势分析

对于正理想解为负无穷方向的万元产值综合能耗、单位产品 SO_2 排放量、单位产品 COD 排放量、单位产品固废排放量 4 项指标，从图中我们可以看出，自 2012 年达到一个峰值后，基本处于回落、平稳下滑的趋势。说明在 2012 年后，神华集团开始更加注重工业"三废"——废气、废水、废渣的排放控制，在资产规模不断扩张、工业产值不断增长的同时，尽可能将能耗稳定在一个平稳水平，在偏离了环保效果的生态化后，逐步由环保效果的非生态化向生态化演进，如图 6-5 所示。

对于正理想解为正无穷方向的采区回采率、煤矸石综合利用率、矿井水综合利用率 3 项指标，从图中我们可以看出，采区回采率基本保持在一定水平上，矿井水、煤矸石综合利用率在 2013 年到达一个最低点后逐年上升，在偏离了环保效果的生态化后逐步由环保效果的非生态化向生态化演进，如图 6-6 所示。

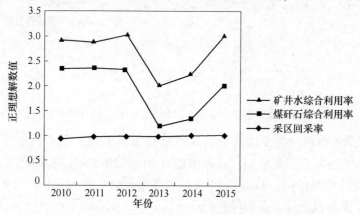

图 6-6　结果性指标趋势图（正理想解方向正无穷）

B　综合指标趋势分析

从煤炭生态产业系统演化程度综合指标变化来看，煤炭生态产业系统演化程度在 2011 年到达一个最高点后，开始略有下降，但总体情况保持较为平稳。从其构成情况来看，万元产值综合能耗、单位产品废固排放在煤炭企业生态化建设中的贡献度逐渐减小，采区回采率、单位产品 COD 排放在煤炭企业生态化建设中的贡献度逐渐提高，如图 6-7 所示。

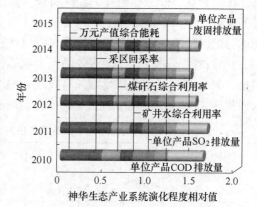

图 6-7　煤炭生态产业系统演化程度综合指标及构成情况图

C　分部分指标趋势分析

从节能、减排、资源综合利用分部分指标趋势来看，节能在煤炭企业生态化建设中的贡献度在 2013 年到达峰值后，开始有所下降。相对地，资源综合利用在煤炭企业生态化建设中的贡献度在 2013 年到最低点后，开始明显上升。减排对煤炭企业生态化建设中的贡献度相对保持不变，但是略有增加。总体看，未来资源的综合利用仍将是煤炭企业生态化建设中重点关注对象，如图6-8所示。

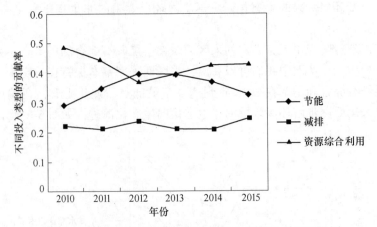

图6-8 煤炭生态产业系统演化程度分部分指标趋势图

6.4.2.3 中国神华生态产业系统演化影响因素的灰色关联分析

运用构造的灰色关联模型，对神华集团2010~2015年的基础数据进行运算。得到的计算结果如表6-3所示。对于类似神华集团这样产业规模大、矿区多、产业链长、资源禀赋条件复杂的煤炭企业来说，经济效益的下滑带动科技投入的比重下降，是造成目前企业生态建设受阻的主要因素。但是，为保持企业一定的生态化度，企业并非全线退守，而是将投入集中在人员配置、落实环保制度的基础设备建设上。从原始数据上可以看到，这两类投入的比重是在逐年递增的，在经济运行情况持续走下坡路的情况下，将投入转向这两大类因素，不仅能确保企业生态化建设持续进行，也能有效降低企业的投资风险，得到较为稳定的生态投入回报。另一方面，企业持续增加科技投入的回报风险较大，且以前年份的科技投入成果转化率低，也会延迟企业科技研发在建项目的资本化，增加财报风险。

表6-3 中国神华灰色关联模型计算结果

单位名称	因素	科技投入	人员投入	制度落实	经济效益
	代表指标	科技投入比重	人员投入比重	节能减排投入比重	销售净利率
中国神华	灰色关联度（系数）	0.5963	0.9143	0.8802	0.7092

6.4.3 冀中能源生态产业系统演化及影响因素分析

6.4.3.1 冀中能源生态产业系统描述

冀中能源集团有限责任公司（简称冀中能源集团）成立于2008年6月，是经河北省人民政府批准组建的大型国有企业。原煤炭部在河北8家直属单位中的6家已经融入冀中能源集团，2009年6月重组了华北制药集团，2010年6月组建了河北航空投资集团和河北航空公司。现已发展成为以煤炭为主业，制药、化工、电力、装备制造、现代物流等多产业综合发展的特大型现代企业集团。

冀中能源的低碳运行煤炭生态产业建设，特点是生态保护，途径是科技创新，过程是低碳运行，关键是转变发展方式，目的是科学发展。冀中能源的低碳运行煤炭生态产业建设，是在近年来大量科技创新丰富实践的基础上，结合国内外形势发展而提出来的一个全新概念。它旨在把发展方式转向高质量、优结构、可持续、惠民生上来，把高能耗、高污染、高投入、低效益、低效率转到低消耗、低污染、低投入、高效益、高效率上来，注重企业效益与发展，同时注重生态环保、社会效益和社会责任。

冀中能源着力加强环保全方位管理，注重监管改造的环保设施安全经济稳定运行，确保达标排放，同时审时度势地推进了相关节能减排工程建设的落实。

截至2015年12月底，冀中能源8个节能、19个减排项目全部完成，通过168h运行及环保监测，节能减排效果均达到预期目标。公司所属电厂均为煤矸石综合利用自备热电厂，执行新的河北省地方标准——《燃煤电厂大气污染物排放标准》（DB13/2209—2015），目前均稳定达标运行。公司严格执行建设项目"三同时"、环境影响评价和新建项目节能评估制度。2015年公司3个项目进行了环境评价，项目建设完成后进行了环评验收，建设项目环评和"三同时"执行率100%。

2015年冀中能源股份有限公司紧紧围绕"质量、效益"两大主题，坚持科技创新，完成技术创新、新技术推广和技术改造项目近200项，依靠技术实现了质量和效益的双重提升。5项科技成果通过了中国煤炭工业协会以及河北省科技成果转化服务中心专家的技术鉴定，其中2项达到国际领先水平、3项达到国际先进水平。公司获得了国家专利10项，获省部级科技奖励17项。

公司不断优化采煤技术，加大技术攻关力度，实现了资源的高效回收，用科技创新引领了科技创效。通过提升装备的自动化水平，不仅降低人工的劳动强度，还促进了产量与效率的提升。"邢台矿区液压支架整体快速搬家技术"充分利用了新型成套搬家设备优势，同传统工艺相比缩短工期40%以上、工效提高40%以上、搬家成本降低50%左右。

6.4.3.2 冀中能源生态产业系统演化趋势

选取冀中能源2010~2015年衡量煤炭生态产业系统演化的7个二级指标实际数据，包括：万元产值综合能耗、采区回采率、煤矸石综合利用率、矿井水综合利用率、单位产品SO_2排放量、单位产品COD排放量、单位产品固废排放量。先以2015年数据为基年数据去除量纲，绘制结果性指标趋势图（图6-9和图6-

10）。再根据实际数据的正负理想值的方向，参照式（6-20）、式（6-21）调整数列，以德尔菲法和层次分析法得到的评价结果为权重计算加权平均数，绘制综合指标趋势图（图6-11）。最后，再以节能、减排、综合利用为分类依据，计算各类指标加权平均数，绘制分部分指标趋势图（图6-12）。

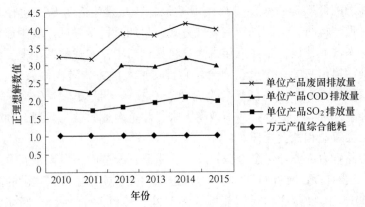

图 6-9　结果性指标趋势图（正理想解方向负无穷）

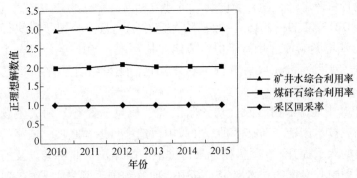

图 6-10　结果性指标趋势图（正理想解方向正无穷）

A　结果性指标趋势分析

对于正理想解为负无穷方向的万元产值综合能耗、单位产品 SO_2 排放量、单位产品 COD 排放量、单位产品固废排放量 4 项指标，从图6-9中我们可以看出，除万元产值综合能耗指标外，其他排放效果指标均有所回升，且"三废"的变化趋势趋于一致，对整个企业生态化演进的效果呈现负效应，弱化了企业生态化演进的程度。

对于正理想解为正无穷方向的采区回采率、煤矸石综合利用率、矿井水综合利用率 3 项指标，从图中我们可以看出，三项指标基本保持在一定水平上，此三项在环保效果上的贡献较为稳定。

B　综合指标趋势分析

从煤炭生态产业系统演化程度综合指标变化来看，煤炭生态产业系统演化程

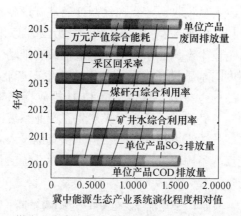

图 6-11　煤炭生态产业系统演化程度综合指标及构成情况图

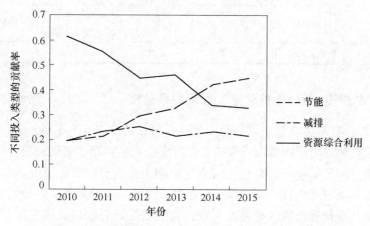

图 6-12　煤炭生态产业系统演化程度分部分指标趋势图

度总体情况保持较为平稳。从其构成情况来看，万元产值综合能耗、采区回采率在煤炭企业生态化建设中的贡献度逐渐增加，"三废"排放控制在煤炭企业生态化建设中的贡献度逐渐降低。

C　分部分指标趋势分析

从节能、减排、资源综合利用分部分指标趋势来看，节能在煤炭企业生态化建设中的贡献度持续增加；资源综合利用在煤炭企业生态化建设中的贡献度在2010 年到最高点后，呈现逐年下降趋势；减排对煤炭企业生态化建设中的贡献度略有起伏，相对保持不变，但是略有增加。总体看，未来资源的综合利用仍将是煤炭企业生态化建设中重点关注改进的因素。

6.4.3.3　冀中能源生态产业系统演化影响因素的灰色关联分析

对于类似冀中能源这样产业规模适中、产业丰富度适中、矿区相对集中、资源禀赋条件较为简单的煤炭企业来说，在经济效益下滑情况下，原本希望通过加大科技投入、逐步减少人员投入、落实环保制度的基础设备建设，来推进企业生态产业系统演化的进程。但从数据结果来看，自 2012 年以来的科技投入并没有产生预期的效果，对企业生态产业系统演化的进程没有推动，反而由于减少了人员投入、落实环保制度的基础设备建设，使得企业生态产业系统演化出现倒退。原始数据中，单位产品 SO_2 排放、单位产品 COD 排放指标等污染物排放指标逐年变差反映了这一问题。经济效益下滑对煤炭生态产业系统演化的影响，虽然没有直接从两者数据之间的关系上反映出来，但是从其他投入对煤炭生态产业系统演化的影响上间接地反映了出来。冀中能源生态产业系统演化影响因素的灰色关联分析结果见表 6-4。

表 6-4　冀中能源灰色关联模型计算结果

单位名称	因素	科技投入	人员投入	制度落实	经济效益
	代表指标	科技 投入比重	人员 投入比重	节能减排 投入比重	销售净利率
冀中能源	灰色关联度	0.5983	0.9154	0.8960	0.6964

6.4.4　"总投资–污染排放总量"因果关系分析

图 6-13 和图 6-14 分别给出了总投资原因树和结果树，图 6-15 和图 6-16 分别给出了污染排放总量原因树和结果树。总投资受到净利润、利润对投资的影响和总投资系数三者的影响，而总投资又直接影响生产投资、节能投资和减排投资，生产投资直接决定固定资产的积累，节能投资决定节电投资和节煤投资，减排投资则对二氧化硫治理投资、矿井水治理投资以及煤矸石治理投资产生直接影响。这说明净利润越高，总投资就越大，而总投资的增加将导致煤炭生产、节能和减排投资的增加。

面对当前煤炭能源市场的紧缩与不稳定状态，煤炭企业的生态化建设并非全线停滞不前。从分析结果中来看，各企业依据自身资源禀赋特点的、经济状况的不同，采取了不同的投入策略。尽管从短时间来看，煤炭企业生态化演进的前进缓慢，甚至出现局部倒退现象，但是在一定的制度保障下，企业仍然可采取相应的策略选择，缓步推进企业生态化建设，积累生态化演进的存量，待度过经济低潮期后，发挥该生态化演进存量的作用。

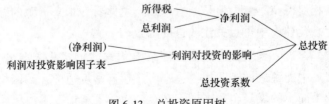

图 6-13　总投资原因树

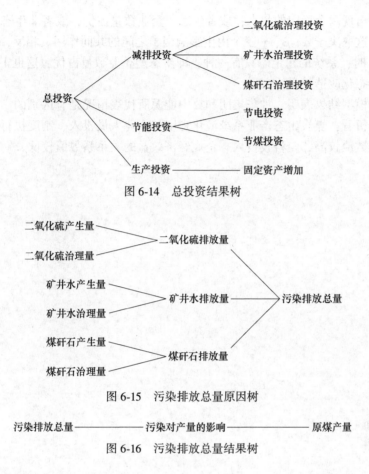

图 6-14　总投资结果树

图 6-15　污染排放总量原因树

污染排放总量————————污染对产量的影响————————原煤产量

图 6-16　污染排放总量结果树

6.5　小结

在理清煤炭生态产业建设模式及煤炭生态产业系统耦合关系的基础上，建立煤炭生态产业系统演化机制的 Logistic 模型，通过求解系统的平衡点，对不稳定平衡点和稳定平衡点及其参数进行分析，找出影响系统演进的关键因素。再建立煤炭生态产业系统演化影响因素的灰色关联模型，以中国神华和冀中能源为例，对其生态产业系统演化趋势及演化影响因素运用灰色关联模型进行分析，揭示节能减排投入、科技创新投入、人员比重、净资产收益率对演化的影响程度，从产业角度为煤矿绿色生态投入机制与路径选择提供决策支持。

根据 Logistic 非线性演化模型的推导，可以得出，当企业的资源利用存在重叠关联度 γ、系统内部存在着非生态型企业的生长率 β 时，长期中生态型企业与非生态型企业各自以一定的比例互相混合存在表现为一种稳定的系统状态。只要这个退化率 β 存在，系统内就会生存着一定规模的非生态型企业种群。两类企业种群数量演化的稳定状态是一个复杂的问题，当 $\beta \geqslant \gamma(\gamma - 1)$ 时，两类企业种群的演化会出现两个稳定的状态：或者生态型企业数量占优，或者非生态型企业数量占优。这取决于 α、β、γ 三个内生影响因子之间的共同作用。相反，若当 $\beta < \gamma(\gamma - 1)$ 时，系统的稳定态只有一种，即生态型企业数量占优，这也正是人们所期望的生态化改造效果。

实证模型结果表明，神华集团和冀中能源所代表情况是有区别的。从相关系数结果分析看，煤炭生态产业系统演化程度与企业人员投入、制度执行与落实情况关系系数值较高，与科技投入、企业经济效益的关系系数值较低。

7 煤矿绿色生态投入激励约束机制

激励约束制度的缺失是导致煤矿绿色矿山建设效率低的主要原因之一，一方面，煤矿企业缺乏动力去进行绿色矿山建设，另一方面政府部门缺乏持续有效的激励约束制度来引导煤矿企业进行绿色矿山建设。而各级政府如何运用激励和约束手段促进煤矿企业建设绿色矿山，是实现提高绿色矿山建设投入效率的关键所在。从绿色矿山建设中政府和企业博弈的长期均衡来看，政府和企业的最终目标将趋同。但在这一趋同过程中，则会出现比较普遍的短期目标与长期目标、局部目标与全局目标的冲突。如果绿色矿山建设不能够给企业带来实实在在的经济利益，不能提升企业的竞争力，企业就会将其经营目标凌驾于社会责任之上。依靠企业自觉兼顾社会责任来实现节能降耗是不现实的，但政府的非生产性，决定了其对绿色矿山建设的主导作用只有通过外部激励和约束的方式施加给生产主体——企业。绿色矿山的建设离不开政府的支持和引导。目前，政府在引导企业进行绿色矿山建设的实践仍处于探索阶段，缺乏系统的激励约束制度。而各级政府如何运用激励约束手段促进煤矿企业建设绿色矿山，是实现提高绿色矿山建设投入效率的关键所在。

本章首先总结分析了我国现有绿色矿山建设的激励机制。接着在借鉴 Holmstrom 和 Milgrom 多任务委托代理模型的基础上，构建了煤矿绿色矿山建设的多任务委托代理模型，期望能得出不同任务目标的最优激励强度，探讨政府如何设计激励制度来引导企业进行绿色矿山投入，以及煤矿企业如何在安全、高效、生态三个目标上寻找最有利的平衡点。最后构建绿色生产煤矿与政府两阶段博弈模型，对绿色生态投入的约束机制进行分析，为促进绿色矿山建设提供理论依据和支持。

7.1 基于多任务委托代理模型的煤矿绿色生态投入激励机制

7.1.1 现有激励机制分析

目前，我国现有的对绿色矿山建设的激励政策主要涉及政府财政专项资金支持、资源配置的倾斜以及税收优惠与减免等三个方面，如表 7-1 所示。

表 7-1 绿色矿山建设激励政策

政府财政支持	危机矿山接替资源找矿专项
	矿山地质环境恢复专项和矿产资源节约与综合利用专项

资源配置倾斜	优先配置矿业权		
	矿业建设用地指标支持		
	开采总量与矿业权投放倾斜		
税收优惠与减免	技术创新方面	加大自主创新所得税前抵扣力度	《国务院关于印发实施〈国家中长期科学和技术发展规划纲要(2006—2020年)〉若干配套政策的通知》(国发〔2006〕6号)
		加速折旧	
		进口规定设备及原材料的税收优惠	
		研发费用所得税加计扣除	《国家税务总局关于印发〈企业研究开发费用税前扣除管理办法(试行)〉的通知》(国税发〔2008〕116号)
	综合利用方面	综合利用生产规定产品计算所得税时减计收入	《企业所得税法》第33条
		增值税税收优惠、扩大综合利用产品的增值税即征即退范围	《关于资源综合利用及其他产品增值税政策的通知》(财税〔2008〕156号)、《关于再生资源增值税政策的通知》(财税〔2008〕157号)、《关于调整完善资源综合利用产品及劳务增值税政策的通知》(财税〔2011〕115号)
	节能减排方面	企业所得税"三免三减半"	《企业所得税法》第27条第3款、《企业所得税实施条例》第88、89条
		购置相关节能减排设备投入递减所得税	《企业所得税法》第34条、《企业所得税实施条例》第100、101条
		从价格、财政、税收、金融等方面鼓励节能减排	《关于印发"十二五"节能减排综合性工作方案的通知》(国发〔2011〕26号)

　　现有的绿色矿山建设激励政策虽然在一定程度上提高了企业建设绿色矿山的积极性，加快了我国绿色矿山的建设进程，然而依然存在着许多问题。政府的财政资金的专项支持以及资源配置的倾斜对于引导煤矿企业进行绿色矿山建设发挥了十分重要的作用，使得那些积极进行绿色矿山建设并符合或者高于绿色矿山建设标准的企业从绿色矿山建设过程中获得了实际的经济收益。然而，绿色矿山的建设是一个长期的、复杂的系统工程，需要消耗大量的资源，建设成本高昂。在

当前的价格体系下，企业在建设过程中的经济消耗并不能直接反映到产品的价格当中，如果仅仅对于那些绿色矿山试点进行财政的补贴和资源的倾斜，对于正在建设绿色矿山过程中的矿业企业而言，两方面政策的吸引力不够突出。因此，政府需要对两方面的政策进行调整，不仅仅要对已达标企业进行激励，对于正在进行绿色矿山建设的矿业企业也要进行政策上的直接扶持，减轻企业的经济负担，提高企业建设绿色矿山的积极性。

另一方面，在税收优惠方面，目前的激励政策主要集中在对于技术创新、节能减排以及综合利用的所得税以及增值税的减免和优惠上。首先，就增值税而言，能够享受税收优惠的产品主要针对资源的再利用，范围较为狭窄。其次，所得税的优惠较小，例如对资源的综合利用的所得税优惠幅度仅仅为 10%。

现阶段，我国煤矿企业的生产主要以煤矿的开采为主，产品的加工环节较少，受宏观经济的影响，煤矿价格大幅下跌，而绿色矿山的建设需要长时间、高成本的投入。因此，政府对于绿色矿山的激励政策既要作出总体的部署和规划，也要分行业、分阶段、分地域进行针对性的政策扶持，从财政资金的专项补贴到各种资源配置的倾斜以及税收的优惠措施都要进行统筹安排，结合企业的实际生产状况制定相应的政策。

7.1.2 多任务委托代理基本模型

假设 1：用 $e = (e_1, e_2, e_3)$ 表示煤矿企业的努力向量，其中 e_1 表示煤矿企业在提高经济效益上所做的努力，e_2 表示煤矿企业在加强安全生产上所做的努力，e_3 表示煤矿企业在改善矿区生态环境上所做的努力。努力水平的选择是同时并一次进行，且 $e_i > 0$，$i = 1, 2, 3$，即煤矿企业不存在损害政府利益的行为，并且在各个任务上都有努力。$B = (e_1, e_2, e_3)$ 表示政府由于煤矿企业的努力而获得的期望收益，是严格递增的凹函数，$C = (e_1, e_2, e_3)$ 表示煤矿企业的努力成本，是严格递增的凸函数，即 $\dfrac{\partial C(e)}{\partial e_i} > 0$，$\dfrac{\partial^2 C(e)}{\partial e_i^2} > 0$。

假设 2：煤矿企业能够了解自己的努力水平，但是政府不能直接观测到煤矿企业的努力水平，只能通过其努力结果来进行观测。煤矿企业的努力选择决定了信息向量 $X = (X_1, X_2, X_3)^{\mathrm{T}} = \mu(e_1, e_2, e_3) + \varepsilon$，以此来衡量煤矿企业在三个方面的努力水平。由于政府观测到的信息不仅仅取决于煤矿企业的努力水平，还受到随机因素的影响。用 ε_i 表示随机影响因素，为外生变量，ε_i 服从 $N(0,$ $\sigma_i^2)$，$i = 1, 2, 3$，协方差矩阵为 $\boldsymbol{\Sigma} = \begin{pmatrix} \sigma_1^2 & \sigma_{21} & \sigma_{31} \\ \sigma_{12} & \sigma_2^2 & \sigma_{32} \\ \sigma_{13} & \sigma_{23} & \sigma_3^2 \end{pmatrix}$，它在一定程度上影响政

府对煤矿企业努力水平的观测，即 σ_i^2 越大，对应变量的努力结果越难观测。在不影响研究结论的前提下，为了方便处理问题，本书假设可观测变量的具体形式为：

$$\text{向量 } \boldsymbol{X} = (X_1, X_2, X_3)^{\mathrm{T}} = \boldsymbol{\mu}(e_1, e_2, e_3) + \boldsymbol{\varepsilon} = (e_1, e_2, e_3) + \boldsymbol{\varepsilon}^{\mathrm{T}} \quad (7\text{-}1)$$

式中，X_1 表示可观测到的经济效益的变化情况，可以通过一些财务指标来观测；X_2 表示可观测到的安全生产的变化情况，可以通过煤矿企业的百万吨死亡率或者每年发生的生产事故数量来观测；X_3 表示可观测到的矿区生态环境的变化，可以通过一些环境指标来观测，例如绿化率，土地复垦率，矿井水和煤矸石利用率等，并且不同的努力水平会产生不同的可观测信息。

假设 3：假定政府是风险中性的，煤矿企业是风险规避的并且具有统一不变的绝对风险规避的效用函数，即 $V = -e^{-\rho\omega}$，ω 为煤矿企业的实际货币收入，ρ 为风险规避程度。政府给煤矿企业的报酬分为两部分，固定费用 α 和激励费用 $\boldsymbol{\beta}^{\mathrm{T}}\boldsymbol{X}$。其中 α 表示政府给企业的固定补贴，只要企业实施绿色矿山建设，无论业绩好坏，政府都予以补贴；$\boldsymbol{\beta}^{\mathrm{T}} = (\beta_1, \beta_2, \beta_3)$，$0 \leqslant \beta_i \leqslant 1$ 表示对各个任务不同努力程度的激励强度系数，其取值表示政府对企业进行绿色矿山建设所取得的经济、社会效益的补贴系数。设报酬函数为 $s(x)$，其线性形式为：

$$s(\boldsymbol{X}) = \alpha + \beta_1 X_1 + \beta_2 X_2 + \beta_3 X_3 = \boldsymbol{\beta}^{\mathrm{T}}\boldsymbol{X} \quad (7\text{-}2)$$

煤矿企业的实际收入 ω 的期望为：

$$E(\omega) = E(s(\boldsymbol{X}) - C(e_1, e_2, e_3)) = \alpha + \boldsymbol{\beta}^{\mathrm{T}}\boldsymbol{X} - C(e_1, e_2, e_3) \quad (7\text{-}3)$$

煤矿企业的风险成本为：

$$\frac{1}{2}\rho var(s(\boldsymbol{X})) = \frac{1}{2}\rho\boldsymbol{\beta}^{\mathrm{T}}\begin{pmatrix} \sigma_1^2 & \sigma_{21} & \sigma_{31} \\ \sigma_{12} & \sigma_2^2 & \sigma_{32} \\ \sigma_{13} & \sigma_{23} & \sigma_3^2 \end{pmatrix}\boldsymbol{\beta} \quad (7\text{-}4)$$

假设 4：由于煤矿企业是风险规避的，那么煤矿企业的实际等价收入等于实际收入的期望减去风险成本，即：

$$\mathrm{CE} = \alpha + \boldsymbol{\beta}^{\mathrm{T}}(e_1, e_2, e_3) - C(e_1, e_2, e_3) - \frac{1}{2}\rho\boldsymbol{\beta}^{\mathrm{T}}\begin{pmatrix} \sigma_1^2 & \sigma_{21} & \sigma_{31} \\ \sigma_{12} & \sigma_2^2 & \sigma_{32} \\ \sigma_{13} & \sigma_{23} & \sigma_3^2 \end{pmatrix}\boldsymbol{\beta} \quad (7\text{-}5)$$

政府是风险中性的，其确定性等价收入为期望利润。政府的目的是确定合适的激励强度来最大化其确定性等价收入，即：

$$\max B(e) - E(s(\boldsymbol{X})) = B(e_1, e_2, e_3) - \alpha - \boldsymbol{\beta}^{\mathrm{T}}(e_1, e_2, e_3) \quad (7\text{-}6)$$

政府和煤矿企业的整体绩效为两个确定性等价收入之和，即：

$$\mathrm{TCE} = B(e_1, e_2, e_3) - C(e_1, e_2, e_3) - \frac{1}{2}\rho\boldsymbol{\beta}^{\mathrm{T}}\begin{pmatrix} \sigma_1^2 & \sigma_{21} & \sigma_{31} \\ \sigma_{12} & \sigma_2^2 & \sigma_{32} \\ \sigma_{13} & \sigma_{23} & \sigma_3^2 \end{pmatrix}\boldsymbol{\beta} \quad (7\text{-}7)$$

政府和煤矿企业之间的委托代理关系需要满足激励相容约束和参与约束，参与约束表示煤矿企业在此次代理中获得的确定性等价收入不小于保留收益 $\bar{u}$，即：

$$IR = \alpha + \boldsymbol{\beta}^{\mathrm{T}}(e_1, e_2, e_3) - C(e_1, e_2, e_3) - \frac{1}{2}\rho\boldsymbol{\beta}^{\mathrm{T}}\begin{pmatrix} \sigma_1^2 & \sigma_{21} & \sigma_{31} \\ \sigma_{12} & \sigma_2^2 & \sigma_{32} \\ \sigma_{13} & \sigma_{23} & \sigma_3^2 \end{pmatrix}\boldsymbol{\beta} \geqslant \bar{u}$$

(7-8)

激励相容约束表示政府希望的努力水平要满足煤矿企业的最优努力水平，即：

$$IC(e_1^*, e_2^*, e_3^*) \in \mathrm{argmax}(\boldsymbol{\beta}^{\mathrm{T}}(e_1, e_2, e_3) - C(e_1, e_2, e_3)) \quad (7-9)$$

Argmax 表示取令 $\boldsymbol{\beta}^{\mathrm{T}}(e_1, e_2, e_3) - C(e_1, e_2, e_3)$ 最大的 (e_1, e_2, e_3)，考虑政府的效用最大化，该多任务委托代理问题可以抽象为：

$$\begin{cases} \max B(e_1, e_2, e_3) - \alpha - \boldsymbol{\beta}^{\mathrm{T}}(e_1, e_2, e_3) \\ IC(e_1^*, e_2^*, e_3^*) \in \mathrm{argmax}(\boldsymbol{\beta}^{\mathrm{T}}(e_1, e_2, e_3) - C(e_1, e_2, e_3)) \end{cases}$$

(7-10)

最优情况下，参与约束是紧的，那么参与约束的等式成立，该多任务委托代理问题可以抽象为如下最优化问题：

$$\begin{cases} \max B(e_1, e_2, e_3) - \alpha - \boldsymbol{\beta}^{\mathrm{T}}(e_1, e_2, e_3) \\ IC(e_1^*, e_2^*, e_3^*) \in \mathrm{argmax}(\boldsymbol{\beta}^{\mathrm{T}}(e_1, e_2, e_3) - C(e_1, e_2, e_3)) \end{cases}$$

(7-11)

这意味着政府的目标就是选择合适的激励强度，在满足自己确定性收入最大化的同时实现了整体绩效的最大。

7.1.3 最优激励强度求解

煤矿企业的目的是合理分配努力水平从而最大化其确定性等价收入。令激励相容约束的一阶导数为零，得到的最优努力水平满足：$\beta_i = \dfrac{\partial c(e)}{\partial e_i} = C_i(e)$，$i = 1$，2，3，二阶导数得 $\dfrac{\partial \boldsymbol{\beta}}{\partial e} = [C_{ij}]$ 和 $\dfrac{\partial e}{\partial \boldsymbol{\beta}} = [C_{ij}]^{-1}$，即：

$$\frac{\partial \boldsymbol{\beta}}{\partial e} = \begin{bmatrix} \dfrac{\partial \beta_1}{\partial e_1} & \dfrac{\partial \beta_1}{\partial e_2} & \dfrac{\partial \beta_1}{\partial e_3} \\ \dfrac{\partial \beta_2}{\partial e_1} & \dfrac{\partial \beta_2}{\partial e_2} & \dfrac{\partial \beta_2}{\partial e_3} \\ \dfrac{\partial \beta_1}{\partial e_1} & \dfrac{\partial \beta_2}{\partial e_2} & \dfrac{\partial \beta_2}{\partial e_3} \end{bmatrix} : [C_{ij}] = \begin{bmatrix} C_{11} & C_{12} & C_{13} \\ C_{21} & C_{22} & C_{23} \\ C_{31} & C_{32} & C_{33} \end{bmatrix} \quad (7-12)$$

$\frac{\partial \beta}{\partial e} = [C_{ij}]$ 表示企业单位努力成本的变化所带来的激励报酬的变化，$[C_{ij}]$ 表示边际努力成本变化率，即各项任务边际努力成本之间的关系。通常 $C(e_1, e_2, e_3)$ 在定义域内是连续的，并且有 $C_{ij} = C_{ji}$。利用一阶条件法求解政府的最优激励制度安排，令 TCE 对 $\boldsymbol{\beta}$ 的一阶导数为 0，有：

$$\frac{\partial B}{\partial e} \frac{\partial e}{\partial \beta} - \rho \begin{bmatrix} \sigma_1^2 & \sigma_{21} & \sigma_{31} \\ \sigma_{12} & \sigma_2^2 & \sigma_{32} \\ \sigma_{13} & \sigma_{23} & \sigma_3^2 \end{bmatrix} \boldsymbol{\beta} - \frac{\partial C}{\partial e} \frac{\partial e}{\partial \beta} = 0$$

$$\frac{\partial B}{\partial e} - \rho \frac{\partial \beta}{\partial e} \begin{bmatrix} \sigma_1^2 & \sigma_{21} & \sigma_{31} \\ \sigma_{12} & \sigma_2^2 & \sigma_{32} \\ \sigma_{13} & \sigma_{23} & \sigma_3^2 \end{bmatrix} \boldsymbol{\beta} - \frac{\partial C}{\partial e} = 0$$

即：

$$\boldsymbol{B}' - \rho [C_{ij}] \begin{bmatrix} \sigma_1^2 & \sigma_{21} & \sigma_{31} \\ \sigma_{12} & \sigma_2^2 & \sigma_{32} \\ \sigma_{13} & \sigma_{23} & \sigma_3^2 \end{bmatrix} \boldsymbol{\beta} - \boldsymbol{\beta} = 0$$

$$\left(\mathbf{I} + \rho [C_{ij}] \begin{bmatrix} \sigma_1^2 & \sigma_{21} & \sigma_{31} \\ \sigma_{12} & \sigma_2^2 & \sigma_{32} \\ \sigma_{13} & \sigma_{23} & \sigma_3^2 \end{bmatrix} \right) \boldsymbol{\beta} = \boldsymbol{B}$$

$$\boldsymbol{\beta} = \left(\mathbf{I} + \rho [C_{ij}] \begin{bmatrix} \sigma_1^2 & \sigma_{21} & \sigma_{31} \\ \sigma_{12} & \sigma_2^2 & \sigma_{32} \\ \sigma_{13} & \sigma_{23} & \sigma_3^2 \end{bmatrix} \right)^{-1} \boldsymbol{B} \tag{7-13}$$

式中，$\mathbf{I}$ 为单位矩阵；$B = (B_1, B_2, B_3)^{\mathrm{T}}$ 为一阶偏导数向量，$\frac{\partial B}{\partial e_i}(i = 1, 2, 3)$ 表示第 i 项任务上努力的边际收益。

在实践中，增加煤矿安全收入与提高企业经济效益正相关，一方面企业的安全投入能够提高企业的经济效益，另一方面利润对安全投入也有一定的促进作用。因此，企业加强安全生产上的努力成本与提高经济效益的努力成本是互补关系，即 $C_{12} < 0$。企业改善矿区生态环境必然会产生额外的支出，影响企业的会计利润，降低企业的经济效益，因此改善煤矿生态环境的努力成本与提高经济效益的努力成本二者之间是相互替代的关系，即 $C_{13} > 0$。改善矿区生态环境的努力效果具有一定的滞后性和不确定性，不会对煤矿安全生产有影响，因此改善矿区生态环境的努力成本与加强安全生产上的努力成本二者之间没有必然的联系，因此

$C_{23} = C_{32} = 0$。

通常情况下，企业的经济效益可以根据财务数据直接观察到，那么它的客观信息变量的方差 $\sigma_1^2 = 0$，而加强安全生产与改善矿区生态环境不容易直接观察到，会受到多种因素的影响，需要一定的时间来验证，所以可观察变量的方差 $\sigma_2^2 \neq 0$，$\sigma_3^2 \neq 0$，这样一阶条件变为：

$$
\begin{bmatrix} \beta_1 \\ \beta_2 \\ \beta_3 \end{bmatrix} = \left\{ \begin{bmatrix} 1 & 0 & 0 \\ 0 & 1 & 0 \\ 0 & 0 & 1 \end{bmatrix} + \rho \begin{bmatrix} C_{11} & C_{12} & C_{13} \\ C_{21} & C_{22} & 0 \\ C_{31} & 0 & C_{33} \end{bmatrix} \begin{bmatrix} 0 & 0 & 0 \\ 0 & \sigma_2^2 & 0 \\ 0 & 0 & \sigma_3^2 \end{bmatrix} \right\}^{-1} \begin{bmatrix} B_1 \\ B_2 \\ B_3 \end{bmatrix}
$$

$$
= \begin{bmatrix} 1 & \rho C_{12}\sigma_2^2 & \rho C_{13}\sigma_3^2 \\ 0 & 1 + \rho C_{22}\sigma_2^2 & 0 \\ 0 & 0 & 1 + \rho C_{33}\sigma_3^2 \end{bmatrix}^{-1} \begin{bmatrix} B_1 \\ B_2 \\ B_3 \end{bmatrix} \tag{7-14}
$$

解得三项任务的最优激励强度分别为：

$$
\begin{cases}
\beta_1 = B_1 - \dfrac{\rho C_{12}\sigma_2^2 B_2}{1 + \rho C_{22}\sigma_2^2} - \dfrac{\rho C_{13}\sigma_3^2 B_3}{1 + \rho C_{33}\sigma_3^2} \\[4mm]
\beta_2 = \dfrac{B_2}{1 + \rho C_{22}\sigma_2^2} \\[4mm]
\beta_3 = \dfrac{B_3}{1 + \rho C_{33}\sigma_3^2}
\end{cases} \tag{7-15}
$$

7.1.4　激励强度系数相关影响因素分析

对于煤矿企业而言，无论如何分配在各个任务上的努力，α 一直是固定不变的，α 并不影响政府的最优激励强度 $\boldsymbol{\beta}^{\mathrm{T}}$ 和企业的最优努力水平 $\boldsymbol{e}^{\mathrm{T}}$，$\alpha$ 由企业的保留效用 $\bar{u}$ 决定。但是，政府对各项任务的期望收益 B_i、煤矿企业的风险规避程度 ρ、任务的可观测程度 σ_i^2 以及各个任务之间的相关关系对最优激励强度 $\boldsymbol{\beta}^{\mathrm{T}}$ 影响很大。

7.1.4.1　政府的期望收益对最优激励强度的影响分析

由式（7-15）可以看出 β_1 与 B_1 正相关，当政府在企业提高经济效益中所获得的边际收益（例如税收的增加）越高，政府就越会加强对企业提高经济效益的激励强度。由于 $C_{12} < 0$，β_1 与 B_2 正相关，这表明政府从企业加强安全生产中获得边际收益的增加，也会提高其对企业提高经济效益的激励强度。$C_{13} > 0$，β_1 与 B_3 负相关，这表明当企业在改善矿区生态环境方面还有很大提升空间时，政府就越应该减少对企业提高经济效益的激励强度。β_2，β_3 分别与 B_2，B_3 正相关，表明加强安全生产、改善矿区生态环境带来的收益增大时，由于政府十分重视煤矿的生产安全和矿区生态环境，必然会增加对企业的激励强度。

随着生态文明建设的不断深入，以往单纯靠 GDP 来衡量政府绩效的评价体系已经不能适应社会的发展需要，当地生态环境的治理成果逐渐成为政府绩效考核的一个重要方面。另一方面，安全生产在煤矿企业生产中具有一票否决权，是企业生产中的重中之重。安全生产事故不仅会引发严重的社会反响，也会给企业带来巨大的经济损失。因此，煤矿企业可以通过引进先进生产设备，加强成本控制等合理方式提高经济效益，但是损害企业安全生产和矿区生态环境的生产方式是不可取的。

7.1.4.2 煤矿企业的风险规避度对最优激励强度的影响分析

β_1，β_2，β_3 均与 ρ 负相关。这说明企业的风险规避程度越高，政府对企业的激励强度越低。现阶段，宏观经济正处于下行阶段，实体经济受到很大冲击。作为能源行业，煤矿企业面临着严峻的经济形势。煤矿企业往往倾向于以稳定的、收益可靠的状态进行生产，而对于加大安全投入，尤其是改善矿区的生态环境的积极性并不高，那么政府就应该降低对这类企业的激励强度。但是，安全生产和矿区生态环境的治理不仅是政府和社会对煤矿企业的要求，更是企业原本应该承担的责任。因此，煤矿企业在当前经济形势下，依然要保证企业的安全生产，另一方面要保证矿区生态环境治理的底线，这是煤矿行业实现可持续发展的必然选择。而对于那些积极进行绿色矿山建设，改善矿区的生态环境的煤矿企业，政府应该加强对它的激励强度。

7.1.4.3 多任务边际成本替代系数对最优激励强度的影响分析

β_1 与 C_{12} 正相关。在一定范围内，C_{12} 越大，即企业提高安全生产水平对提高企业经济效益的互补性就越强，说明企业在提高经济效益的同时提高安全生产水平的边际成本就越大，经济效益的提高会在一定程度上促进企业增加安全投入，有助于实现企业提高安全生产水平的目标。

β_1 与 C_{13} 负相关，C_{13} 越大，即企业改善矿区生态环境与提高经济效益的替代性越大，这意味着企业在改善矿区生态环境的同时提高经济效益的边际成本就越大。

通过多任务模型可以看出，企业经济效益的提高能够促进企业增加在安全生产上的投入。另一方面，由于经济的外部性和现有会计核算体系只注重经济效益的计量，生态环境的改善不能给企业带来实实在在的好处。因此，企业一方面需要将改善矿区生态环境所带来的社会效益和经济效益逐渐纳入到现有的会计核算体系中来，将生态环境治理的成果作为企业生产经营绩效的一部分；另一方面煤矿企业需要将煤矿开采过程中的废弃物和污染物变废为宝，循环利用，实现资源利用的最大化，降低两个任务之间的边际成本。

从式（7-15）中，可以看出 β_2，β_3 与边际努力成本变化率 C_{22}，C_{33} 的关系，当 C_{22}，C_{33} 越小，意味着边际努力成本越低，提升相对容易。从煤矿建设的现状来看，企业加强安全生产和改善矿区生态环境的提升空间还很大，因此当前政府应该提高 β_2，β_3，将更多的激励放在安全生产和改善矿区生态环境上。

7.1.4.4 任务的可观测程度对最优激励强度的影响分析

β_1 与 σ_2^2，σ_3^2 负相关。这说明当煤矿企业兼顾多项目标任务并进行协调均衡时，提高经济效益的激励强度不仅与其自身的可观测程度有关，还受到其他两项任务的可观测程度的影响。当企业加强安全生产和改善矿区生态环境的努力结果很难观测时（σ_2^2，σ_3^2 很大），政府就应该降低对提高经济效益的激励，否则会导致企业丧失加强安全生产和改善矿区生态环境的动力，不利于多任务协调均衡。β_2，β_3 分别与 σ_2^2，σ_3^2 负相关，即当 σ_2^2，σ_3^2 越大时，表明加强安全生产和改善矿区生态环境的努力结果越难观测，说明政府和企业之间的信息不对称程度也就越显著，就导致煤矿企业认为努力和不努力并不会产生很大的差异，此时激励的作用就被削弱了。此时，就需要政府加大对煤矿企业加强安全生产和改善矿区生态环境的观察力度，通过建立科学的绩效考核标准和绿色矿山评价体系，对企业的绿色矿山建设进行准确、详细的评估和肯定，为企业进行绿色矿山建设提供保障和动力。这样，就能减少政府和企业之间的信息不对称程度，企业的机会主义倾向也随之减弱，对其的激励效果也会更加显著。

7.2 基于博弈模型的煤矿绿色生态投入约束机制

从上述最优激励强度系数及其影响因素可以看出，煤矿企业的风险规避程度较高，在当前的经济条件下，更是趋向收益稳定的生产，对于投入巨大而见效缓慢的绿色矿山建设积极性并不高。因此，政府不仅要对积极进行绿色矿山建设的企业进行激励，还要设立一系列的约束措施，对不进行绿色矿山建设，在企业矿区生态环境、节能减排、资源的综合利用等方面原地踏步的企业进行惩戒。环境监督可以作为保障政策执行有效性的重要手段。政府环境监督机制与企业绿色生产博弈不是一次性的，而是多次反复的博弈。下面就其两阶段的博弈对绿色生态投入的相互作用机理进行分析。

7.2.1 博弈模型的相关假设

（1）具备博弈论是一般性假设，且政府和企业进行的是完全信息两阶段博弈。

（2）煤炭企业 P 按照环保标准和规范、规定必须采用的技术，进行生态投资，则其产生的效益为绿色效益 G，其生产项目投资为生态投资。反之，非绿色生产其效益为非绿色效益 NG，其生产项目不属于生态投资。假设在两阶段博弈中煤炭企业第 1 阶段与第 2 阶段的绿色生产利润分别为 u_1 和 u_2，非绿色生产两个阶段的利润均为 v。由于我国煤炭绿色发展处于起步阶段，因而绿色生产效益低于非绿色生产效益，所以设 $0<u<v$。

（3）政府环境监管部门 M 采取的行为：监督 S 与不监督 NS，即政府对企业绿色生产是否进行检查。监督检查成本为 c，对未履行环保法规进行生产的行为处以罚金 f，且 $c<f$。一般地，政府处罚目的是对企业非绿色生产给予威慑，因而 $f<v$。

（4）从生态投资效益发展趋势来看，按两阶段绿色生产的利润对比分为：绿色生产效益递增 $u_1<u_2$，绿色生产效益不变 $u_1=u_2$，绿色生产效益递减 $u_1>u_2$。从当前世界范围绿色发展的趋势来看，绿色效益递增，所以主要分析这种递增发展趋势。对于绿色生产效益发展水平，按绿色生产的利润（u_1，u_2）所属的范围分成：低级状态（0，$v-f$），中级状态（$v-f$，v），高级状态（v，$+\infty$）。

（5）煤矿企业非清洁的行为会对环境造成一定污染，造成的外部不经济，由政府对其环境污染给予治理，承担其外部效用 $-t$（$t>0$）；相反，煤矿企业进行绿色生产，政府承担的外部效用为 0。

7.2.2　博弈模型及其求解

绿色生产初期，绿色生产利润会低于非绿色生产利润，然而伴随着绿色技术的不断改进，政府制度激励强度增加，绿色产品的生产成本不断降低，绿色生产所带来的效益呈上升态势。由于我国煤矿绿色发展处于起步阶段，且政府环保激励不够充分，所以第一阶段博弈的起点是绿色效益低级阶段。与此同时，生态投入效益的累积性和滞后性，决定了中短期内两阶段博弈中的绿色效益递增有两种情况：一是两阶段同处于低级阶段，二是由低级阶段缓慢向中级阶段发展。本书主要研究短期内博弈的这两种情况。

情况一，两个阶段的绿色生产效益都处于低级状态，$0<u_1<u_2<v-f$。

第一、二阶段支付矩阵如表 7-2 和表 7-3 所示。两阶段的纳什均衡策略如图 7-1 所示。

表 7-2　第一阶段支付矩阵

项　目		环境监督部门策略 M	
		监督 S	不监督 NS
煤矿企业策略 P	绿色 G	（u_1，$-c$）	（u_1，0）
	非绿 NG	（$v-f$，$f-c-t$）	（v，$-t$）

表 7-3　第二阶段支付矩阵

项　目		环境监督部门策略 M	
		监督 S	不监督 NS
煤矿企业策略 P	绿色 G	（u_2，$-c$）	（u_2，0）
	非绿 NG	（$v-f$，$f-c-t$）	（v，$-t$）

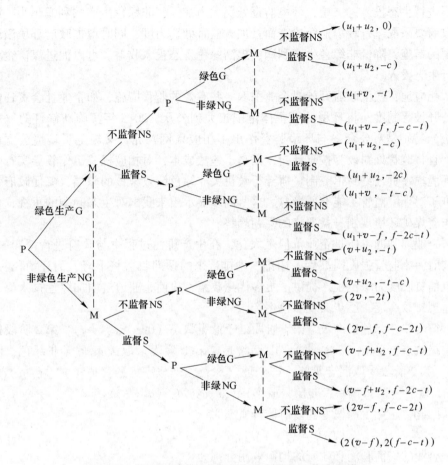

图 7-1 煤矿与政府两阶段的子博弈精炼纳什均衡策略

煤矿与政府两阶段的子博弈精炼纳什均衡策略为（非绿色，监督）和（非绿色，监督），即两个阶段煤矿企业均非绿色生产，政府均监督；煤矿企业的均衡利润和政府的均衡效用分别为 $2(v-f)$ 和 $2(f-c-t)$。

当两阶段绿色生产效益都处于低级状态（表 7-4），得出结论：一是，由于激励制度不充分，惩罚程度低，非绿色生产利润扣除罚金后仍高于绿色生产的利润，环境监督检查仍然起不到应有的作用，所以政府进行监管检查的情况下，企

表 7-4 绿色生产两阶段博弈等价的一次博弈的策略式描述

项 目		环境监督部门策略 M	
		监督 S	不监督 NS
煤矿企业策略 P	绿色 G	$(u_1 + v - f, f - 2c - t)$	$(u_1 + v - f, f - c - t)$
	非绿 NG	$(2(v-f), 2(f-c-t))$	$(2v - f, f - c - 2t)$

业不进行生态投入。二是，环境监督处罚大力加强，非绿色生产的利润越小。因此政府要采取进行环境监管检查而且加大监管处罚力度，同时增加政府环境激励制度的措施，降低非绿色生产利润，提高绿色生态投入收益，可以促进煤矿企业进行生态投入。

相应地，我国政府开始对企业采取一些有效的监管措施，如企业社会责任信息公开披露制度，将环境监管主体范围扩大到公众。2015 年实施新修订的《环保法》特别是对公众参与环境监督作出了相应条例补充，又规定了环境公益诉讼，且将监管处罚改为按日计罚，提高了违法成本，对相应机关工作领导实行生态环境损害责任终身追究制，摒弃行政机关非绿色绩效考核的弊端，督促政府领导班子对环境监管不能有所懈怠。这些制度显示出来我国对生态问题的重视，也意味着煤矿环境规制日益严格的强劲趋势。

企业逐利的本质是企业价值最大化，在生产排污过程中与政府进行博弈中，因政府污染监管强度提高后，违排、偷排带来的预期收益将下降，而环境税收、绿色信贷制度为绿色生产提供了更多优惠政策，迫使企业通过增加绿色投入或关闭违规排放产能，逐步实现绿色生产。

情况二，绿色生产效益第 1 阶段处于低级状态（$0<u_1<u_2<v-f$），第 2 阶段处于中级状态（$0<u_1<v-f<u_2$），则策略是：第 1 阶段采取纯策略（非绿色，监督），第 2 阶段采取混合策略，即企业（绿色生产概率，监督概率）$\{(f-c)/f,\ c/f\}$，政府（监督概率，非监督概率）$\{(v-u_2)/f,\ (u_2+f-v)/f\}$。

因此，企业生产概率和政府监督概率为：

$$P_P = (f-c)/f,\ P_M = (v-u_2)/f \tag{7-16}$$

企业的均衡利润和政府的均衡效用分别为：

$$U_P = v-f+u_2,\ U_M = f-c-t-ct/h \tag{7-17}$$

当绿色生产效益第 1 阶段处于低级状态，第 2 阶段处于中级状态，即在绿色生产效益处于低级状态向中级状态升级过渡的时期内（表 7-5），得如下结论：

第一阶段绿色生产效益处于低级状态，博弈结果是（非绿色生产，监督），到第二阶段绿色生产效益处于中级状态时，由于非绿色生产受处罚后的利润将低于绿色效益，所以企业以概率 $(f-c)/f$ 进行绿色生产，政府以概率 $(v-u_2)/f$ 进行监管检查，即随着绿色生产效益增加，企业进行绿色生产的可能性增加，政府

表 7-5　绿色生产两阶段博弈等价的一次博弈的策略式描述

项　　目		环境监督部门策略 M	
		监督 S（$(v-u_2)/f$）	不监督 NS（$(u_2+f-v)/f$）
煤矿企业策略 P	绿色 G（$(f-c)/f$）	（$u_2+v-f,\ f-2c-t$）	（$u_2+v-f,\ f-c-t$）
	非绿 NG（c/f）	（$2(v-f),\ 2(f-c-t)$）	（$2v-f,\ f-c-2t$）

监管检查的概率下降。因此政府处罚的力度越大，政府监管检查成本低，企业绿色生产的可能性增加，政府监督的效用就越高。

实际上我国环境规制逐渐加大监管处罚力度而且设法降低检查成本，提高环境规制强度，以此降低非绿色生产利润，提高企业生态投入的可能性，引导企业由非绿色生产转型为绿色生产，促进产业结构的升级。

7.3　完善煤矿绿色生态投入激励约束机制的措施

通过对绿色生态投入激励强度系数的相关影响及约束机制的博弈模型分析，可以发现政府的期望收益、企业的风险规避程度、各任务之间的边际成本、各任务的可观测程度都对激励的结果产生影响。如果能够对这些影响因素进行改进，就能提高煤矿企业的绿色矿山建设的积极性，从而提高绿色矿山建设投入的效率。具体分析，有以下四个方面：

第一，提高生态环境在政府绩效考核中的地位。根据政府的期望收益对最优激励强度的影响分析，当政府在企业提高经济效益中所获得的边际收益（例如税收的增加）越高，政府就越会加强对企业提高经济效益的激励强度。我国政府的绩效考核体系尚处于探索阶段，经济发展一直是政府绩效考核的重点，矿区安全也是政府绩效考核关注的重要方面，然而生态环境在政府的绩效考核中比例较低。随着生态文明建设成为我国建设发展的重要组成部分，生态环境在政府绩效考核中的地位也会逐渐提高。另一方面，我国现有的大中型煤矿主要以国企居多，对其高管的绩效考核也要将矿区生态环境建设作为重点。

第二，激励机制与约束机制要双管齐下。煤矿企业的风险规避程度较高，在当前的经济条件下，更是趋向收益稳定的生产，对于投入巨大而见效缓慢的绿色矿山建设积极性并不高。因此，政府不仅要对积极进行绿色矿山建设的企业进行激励，还要设立一系列的约束措施，对不进行绿色矿山建设，企业矿区生态环境、节能减排、资源的综合利用等方面原地踏步的企业进行惩戒。在具体政策的实施过程中，根据企业的生产规模、经济实力以及矿区环境的现状分类进行治理。例如，对于受制于规模及当前煤矿价格下跌而无力进行绿色矿山大规模建设的煤矿企业，政府多以鼓励和支持为主，通过多样的政策支持来积极帮助企业进行绿色矿山的建设。另一方面，结合企业的实际情况并根据绿色矿山建设的指标体系设置各类指标监管红线，保障矿山生态环境及矿产资源的可持续发展，对踏过红线的企业进行严厉的处罚，对煤矿企业的高管设立生态一票否决制，提高企业的违约成本，加强企业履约意识。

第三，调整我国绿色矿山建设的激励政策，降低各个任务之间的边际成本。根据对我国现有激励机制的分析结论，政府对于绿色矿山的激励政策既要作出总体的部署和规划，也要必须分行业、分阶段、分地域进行针对性的政策扶持，从财政资金的专项补贴到各种资源配置的倾斜以及税收的优惠措施都要进行统筹安排，结合企业的实际生产状况制定相应的政策。一方面扩大税收优惠的范围，另一方面对进行绿色矿山建设但尚未达标的煤矿企业也要提供一定的财政支持、资源配置的倾斜，补贴企业在绿色矿山建设前期的巨大开支，提高企业进行绿色矿山建设的积极性。

第四，提高煤矿绿色矿山建设的信息披露程度，尤其是加强生态环境建设方面任务的可观测程度。煤矿企业可以根据《国家级绿色矿山基本条件》并结合企业自身实际生产经营的状况，对企业绿色矿山建设的相关情况进行披露。一方面让社会公众对煤矿企业绿色矿山建设进行监督，另一方面有助于政府对煤矿企业进行绿色矿山建设的实际状况进行考核，降低二者之间信息不对称的程度，也有助于政府相关激励政策的落实。

通过改善最优激励强度系数的影响因素，政府能够更好地引导企业进行绿色矿山建设，而煤矿企业也能够从绿色矿山建设的过程中获得实实在在的收益，从而提高煤矿绿色矿山建设投入的积极性和绿色矿山建设投入的建设效率。

7.4 小结

运用信息经济学对煤矿企业绿色生态投入激励约束机制进行研究，建立了煤矿安全、高效与绿色多任务委托代理模型，分析煤矿绿色生态投入的激励机理。建立了煤矿生态投入的政府规制博弈模型，通过求解政府与企业动态博弈混合策略的纳什均衡，揭示煤矿自愿进行绿色生态投入的条件。基于对绿色生态投入激励强度系数的相关影响及激励约束机制的博弈模型分析结论，提出了相应的建议。

通过求解煤矿企业经营者对高效、绿色和安全三项任务业绩产出的分享系数，分析得出了激励强度系数相关影响因素及其影响程度：政府对各项任务的期望收益、煤矿企业的风险规避程度、任务的可观测程度以及各个任务之间的相关关系对最优激励强度影响很大。

建立煤矿绿色生态激励约束机制的博弈模型，求解政府与企业动态博弈混合策略的纳什均衡，模型分析结果表明：第一阶段绿色生产效益处于低级状态，博弈结果是（非绿色生产，监督），到第二阶段绿色生产效益处于中级状态时，由于激励制度充分，且绿色投入创新补偿提高，非绿色生产受处罚后的利润将低于绿色效益，所以企业以概率 $(f-c)/f$ 进行绿色生产，政府以概率 $(v-u_2)/f$ 进行监管检查，即随着绿色生产效益增加，企业进行绿色生产的可能性增加，政府监管检查的概率下降。因此政府处罚的力度越大，政府监管检查成本越低，企业绿色生产的可能性增加，政府监督的效用就越高。

8 煤矿绿色生态投入综合动力机制构建及制度保障

8.1 煤矿绿色生态投入的综合动力机制构建

8.1.1 环境动力要素

8.1.1.1 环境与资源的压力

环境与资源压力是重要的推动力。煤炭企业在煤炭开采和加工过程中，会伴随有大量的有害气体、烟尘和废渣的排出，这些排放物会破坏臭氧层，还会造成温室效应和形成酸雨，对人类的生存环境和生态平衡造成破坏。由于煤炭会对环境造成很大的污染，因此，煤炭企业需要通过加大绿色生态投入，开展绿色生态技术和管理创新，使自身朝着节约资源、保护环境以及生态平衡的良性循环方向发展。

A 资源的约束

资源是社会发展的根本动力。人类进行的各种经济活动的本质就是对资源的消耗与转化，传统的生产方式只从有限的资源中提取部分物质财富，而将很大一部分财富以副产品、废弃物等形式排放。虽然技术进步能使人类不断发现新资源，但仍无法满足人类快速增长的物质需求。资源总量的枯竭及短期开采能力不足带来的供需矛盾日益突出，生产成本持续增加，因此生产方式转型已经成为人们面临的共同问题。在资源稀缺和技术有限的条件下，人们的生产生活不得不受资源的约束（见图8-1，实线部分为资源约束线）。

B 环境的约束

经济发展的本质就是对资源的消耗与转化，这一过程在给人类社会带来丰富的物质财富的同时，也产生了大量的副产品、废弃物等。这些生产活动带来的副产品大量的排放、堆积无疑增加了生态系统承载压力。作为复杂系统的经济社会，其无序程度可以用指标熵来表示。熵是热力学中用以度量系统无序程度的一个重要概念，熵越大则表示系统越无序。随着生产活动不断进行，熵是逐渐积累的，系统也会随之不断衰竭。不断从外界吸收更多的能量，用来平衡系统熵的增加，成为生态系统摆脱衰竭的唯一途径。

然而，由于资源是稀缺的，系统要持续平衡，就只能从减少熵的积累，即减少副产品的排放入手。目前，全球气候变暖、雾霾频发等一系列的环境问题已经严重威胁到经济和社会的可持续发展，而且其对经济发展的制约性要比资源对其的约束更强，即环境可能性边界的半径更小。只有在生产时考虑到其对环境影响的情况下，环境可能性边界的半径才有可能大于资源约束线的边界半径，如图 8-1 所示。

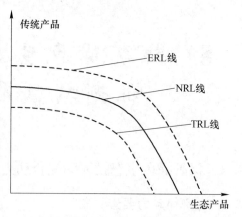

图 8-1　资源与环境对社会发展的约束

　　图 8-1 中 NRL 为自然资源约束线，ERL 为绿色生产方式环境约束线，TRL 为传统线性生产方式的环境约束线。若是社会实现可持续发展，那么必须减少对资源的浪费，即增加绿色生态投入、构建生态产业链、建设煤炭绿色生态产业、实现资源的高效利用，这样可以使环境约束线的边界向外扩展，实现经济更健康和持续的发展。

8.1.1.2　社会文化环境

　　在经济不够发达的情况下，人类的生产生活活动对自然环境造成的影响很小，人与自然的矛盾还不尖锐，当时社会的价值判断主要强调人的生存和安全需要。随着人类技术水平的提高，不断开采、改造自然财富，使得人工财富急剧增加，人类的基本生活需要已经得到满足。但是，随着物质财富的不断增加，人们的幸福感不但没有增加，而且出现了下降的趋势，这就是"幸福悖论"。这是由于随着经济的发展，人类对自然的掠夺和破坏日益严重，人与自然之间的矛盾也在不断激化，自然财富不断下降，甚至直接威胁到人类的生存和发展，在这一过程中人工财富的边际效用急剧下降，相反自然财富的边际效用迅速上升。与此同时，社会的价值判断也开始转变为更加强调生态环保。社会价值判断的转变会影响企业的投资决策行为。一方面，社会价值判断的转变会促使煤炭企业改变原有的投资和技术创新观念，开始向绿色生态技术转化。另一方面，在社会价值判断转变的影响下，改变了人们的消费观念，进而使市场需求的方向也发生了改变，市场需求的改变又推动着投资和技术创新向着绿色生态方向转化。

8.1.2　外部动力要素

　　煤炭企业绿色生态投入的外部动力是指来自企业外部环境、对绿色生态投入及其创新过程具有影响并能促进内部动力发挥作用的外部力量。外部动力是促使基于绿色生态投入进行生态技术和管理创新的重要保障，尽管外部动力不像内部动力对事物发展具有决定性作用，但外部动力对事物发展的影响也是不容忽视的，它可以凭借诱导、激发、驱动转变成为内部驱动力起作用。一个煤炭企业如果外部创新动力不足，即使具有强烈的内在创新需求，也很难产生作用和效果。这些外部动力要素包括市场需求、市场竞争、政府的绿色生态政策、环境产权及审计监督制度、高等院校及科研院所的技术合作支持、生态科技的进步等。

8.1.2.1 市场需求

市场需求是煤炭企业绿色生态投入外部动力中最根本的拉动力，因为市场需求是进行生态技术创新首要考虑的前提基础。一旦生态技术在市场上存在需求，煤炭企业进行生态技术创新就具有某种程度的保障，因此，煤炭企业开展生态技术创新以市场需求作导向，可以避免创新的盲目性。市场需求会促使煤炭企业增加新的创新思路，也会为煤炭企业提供更多的市场机会，从而更好的拉动和激励煤炭企业进行生态技术创新活动。虽然煤炭企业面对着环境保护和政府干预的双重压力，但是促使煤炭企业绿色生态投入的最根本的动因是市场上存在着的巨大的生态技术需求潜力，煤炭企业进行生态技术创新的强大外源动力正是来自这些巨大的需求潜力。

8.1.2.2 市场竞争

市场需求引发煤炭企业为生存和发展加大绿色生态投入，进行生态技术创新，而市场竞争则会促使煤炭企业比竞争对手更快、更好地开展生态技术创新活动。企业因为一项技术创新所带来的市场先机，很快会被市场上其他竞争对手取代，这样企业的技术创新动力就不单是来自市场需求，而是更多的来自强大的市场竞争压力。煤炭企业如果停滞不前、不求创新，则只能被市场无情的淘汰。煤炭作为不可再生资源，随着开采和使用的增加，剩余量会不断减少，但是煤炭产业及其生产规模却在不断扩大，这就使得煤炭行业的市场竞争程度愈加激烈，煤炭企业处于这种激烈的市场竞争压力下会加大绿色生态投入，积极开展生态技术创新活动。

8.1.2.3 生态科技的进步

目前世界主要工业技术的发展都开始转向生态、环保、高效、节能，各国都在努力推进生态技术，生态科技的进步要求煤炭企业推进生态技术创新，同时生态科技的进步也为生态技术创新提供大量的技术支持和指导。生态技术创新与生态科技的进步密切相关，生态科技的进步是生态技术创新的基础动力。生态科技的发展虽然要经历较长的周期，但是它的成功会为煤炭企业开展生态技术创新提供有利支持，增强煤炭企业绿色生态投入的动力。

8.1.2.4 政府的绿色生态政策

要加大绿色生态投入，加快生态技术创新的进程，除了依靠市场的作用外，还需要依靠政府生态政策行为的支持。政府部门虽然不是直接参与煤炭企业的生态技术创新活动，但是其政策行为会对煤炭企业绿色生态投入和创新活动产生巨大的影响。一方面，政府通过制定一些有利于绿色生态投入和生态技术创新的财政、信贷、税收优惠政策，可以增强煤炭企业的生态技术创新动力。另一方面，政府出台的一些环境政策和法律法规也使得煤炭企业间接受制于政府的环保政策措施，进而主动加大绿色生态投入，进行生态技术创新。此外，政府还借助经济手段的杠杆作用，使企业承担的环境成本与其排放的废物量相挂钩，在控制企业成本的基础上达到促使企业加大绿色生态投入、进行生态技术创新的目的。

8.1.2.5 高等院校及科研院所的技术合作支持

与高等院校、科研院所的生态合作是煤炭企业开展生态技术创新的有力支撑。生态技术创新作为新型的技术创新，其创新难度更大、风险更高，创新收益的不确定性也更大。为了减少独立创新可能遇到的如研发投入不足、研发风险过高等障碍，煤炭企业通过与高等院校、科研院所的生态合作来进行生态技术创新活动。不同的组织机构相互合作可以发挥各自的优势，取长补短，使生态技术创新项目的开展更加顺利。与高等院校、科研院所的生态合作还可以不断满足生态技术创新的技术、人才、设备以及知识信息等资源的需求，是保障煤炭企业绿色生态投入效果的有效动力。

8.1.3 内部动力要素

8.1.3.1 经济利益驱动

任何经济主体都在不断追求长远的经济发展，煤炭企业也不例外。环境与资源的压力使得市场需求、科学技术、市场竞争、制度激励约束都朝着绿色生态的方向发展，这些又通过作用于企业生产可能性边界、承担的环境成本、生产成本等方面影响到企业的经济利益，进而促使企业内部各个动力要素协调运作，通过加大绿色生态的投入力度、提高投入效率来不断优化提高绿色生态矿山的建设效果。

绿色生态投入是绿色生态技术创新、管理创新、生态产业链构建和完善的重要基础。因此，煤炭企业加大绿色生态投入，用有利于环境保护和可持续发展的生态技术来替代传统技术，既可以获得长期的利益保障，还可以降低一些传统技术产生的成本，如排污费等。同时，随着人们环保意识的增强，绿色生态投入也在不断提升自身的公众形象，这对煤炭企业开展绿色矿山建设十分有利。再加上资源的日益短缺造成原材料价格的不断上涨，这也使得煤炭企业更加关注节约能源、降低损耗，不断加大绿色生态的投入力度，积极开展生态技术和管理创新，通过不断降低资源的损失率，降低环境成本。此外，煤炭企业进行生态技术创新、管理创新、生态产业链构建和完善还将获得政府的支持，在融资和市场竞争上具有更大的优势，从而使生产成本降低、利润增加，增强煤炭企业绿色生态投入的动力。

8.1.3.2　企业家精神

企业家精神是一种无形资源，在煤炭企业绿色生态投入中起着关键推动力的作用。这首先因为企业家在企业家精神的影响下不满足于煤炭企业现有的技术体系，力求通过不断寻求和发现生态方面技术创新的机会来改变现状。其次，企业家富有生态创新精神，必然会带领企业员工进行技术变革，并通过制定一系列具有开拓创新精神的计划和政策来激励员工不断的创新。此外，具有市场预见性的企业家会提前认识到生态技术创新的重要性，通过提前制订计划来确保生态技术创新活动的顺利实施。综上可知，企业家精神在促进煤炭企业绿色生态投入中起着基础性的推动作用。

8.1.3.3　生态技术创新能力

生态技术创新能力是指煤炭企业通过对其内部的各种资源进行综合利用，从而成功获得生态技术创新成果的能力。煤炭企业如果不具备生态技术创新和应用能力，绿色生态投入的效果就会大打折扣，无法产生应有的效果，也势必会影响绿色生态投入的积极性和力度。如果煤炭企业的生态技术创新能力较强，就能不断的通过生态技术创新来增强企业的综合实力，提升企业的利益水平，不断增强企业的绿色生态投入动力。同时，煤炭企业具备较强的生态技术创新能力还能使其进行较高层次的生态技术开发，从而在激烈的竞争中取得优势。总之，作为煤炭企业绿色生态投入的关键推动力之一，生态技术创新能力是绿色生态投入积极性和效果的重要保障力。

8.1.3.4　企业员工的能力素质

企业员工的能力和积极性对绿色生态投入的效果和效率提高起着关键作用。员工的能力素质对于绿色生态技术的研究、开发与应用具有重要的保障作用，而合理有效的企业内部激励机制可以帮助煤炭企业管理者充分发挥企业员工的潜能，使企业员工的行为能更好为其目标服务。为此，煤炭企业要想充分调动各类员工的工作积极性，使其为生态技术创新活动贡献力量，就需要在煤炭企业内部建立起生态技术创新激励机制，通过制定技术创新激励政策对有重要生态技术创新贡献的员工给予物质和精神奖励，以此激励员工积极开展生态技术的研究与开发，不断为煤炭企业的生态技术创新活动提供动力支持。而对工艺、设备和流程进行生态化的创新和改进可以提高企业员工的工作效率，增加员工个人收入，使企业员工在生态战略指导和生态创新管理机制的共同作用下为企业带来生态技术的渐进性或根本性创新。因此，企业员工的能力素质作为一个重要动力源，在很大程度上影响着煤炭企业的绿色生态投入的行为和效果。

8.1.3.5　企业的生态文化

当环境保护在全球成为焦点时，煤炭企业开始更多地关注企业的生态文化建设，关注自身的公众形象，并通过生态技术创新和管理创新的实施来实现自身价值。煤炭企业有着自己独有的文化，奉行拼搏大干、奉献自我的精神，大大促进着煤炭企业的发展。但是由于煤矿安全和环境问题，煤炭企业迫切需要建立生态创新型的文化，以适应企业发展对生态技术和管理创新的要求。煤炭企业的生态文化会激发企业员工参与生态技术创新的热情，从而使煤炭企业在活跃的创新氛围中朝着明确的目标前进。

8.2　综合动力机制的运行方式

煤炭企业绿色生态投入的动力机制就是影响煤炭企业绿色生态投入的各动力要素相互之间的传导过程和作用机理，其本质就是揭示企业内部不同利益相关者产生的各种动力和来自外界环境的各种动力之间相互联系、相互作用，并遵循一定运行规则所形成的互动关系的总和，以及这些动力要素与煤炭企业绿色生态投入强度和效果之间的内在联系。内因是事物发展的根本条件，起决定性作用；外因是事物发展的辅助条件，通过内因发挥作用——内因外因相互作用、缺一不可。因此，煤炭企业绿色生态投入动力机制的总体运行方式为：煤炭企业内部动力要素在绿色生态投入活动中起主导作用，煤炭企业外部动力要素在绿色生态投入活动中起辅助作用，往往通过对内部动力的影响而发挥作用。

煤炭企业进行绿色生态投入的基础动力要素包括市场需求、市场竞争、生态科技进步和政府的生态政策行为四个要素。其中市场需求是最直接目标，它为基于绿色生态投入的生态技术创新提供了方向；市场竞争是外源动力，是煤炭企业基于绿色生态投入进行生态技术创新的重要原因；生态科技进步是生态技术创新的技术保障，保证生态技术创新的顺利开展；政府的绿色生态政策行为是外部支撑，为绿色生态投入及生态技术创新提供政策推动力。这四者的关系可以总结为：市场需求的萎缩会加剧市场竞争，激烈的市场竞争会促使企业通过加大生态科研力度、加强生态合作创新来扩大市场需求，而政府的生态政策行为往往干预到市场的竞争、左右着市场的供需，也会影响到生态科技的进步。这四个方面的推动力因素并不是直接作用于煤炭企业绿色生态投入及其效果，而是通过利益驱动因素，间接影响煤炭企业绿色生态投入及其效果。

经济利益驱动作为动力机制中的核心动力要素，是煤炭企业绿色生态投入的最直接动力。其中市场需求是创新利润的来源；市场竞争影响企业利润的分配；生态科技进步提高了利润实现的可能；政府的生态政策行为通过外部成本内化促使企业进行绿色生态投入，影响生产成本和利润水平。煤炭企业经济利益的增加也激发了企业家和员工进行生态技术创新的动力，并通过对员工的生态创新动力和企业家精神的影响，促进了企业内部激励机制和企业生态文化的形成和发展。而生态科技的发展水平与政府的生态政策行为以及与高校、科研院所的生态合作都对煤炭企业绿色生态投入能力产生影响，生态技术创新能力作为煤炭企业绿色生态投入效果的保障，在它的推动下，煤炭企业生态技术创新活动得以顺利开展。此外，环境与资源压力、社会文化环境也通过影响市场需求和政府的生态政策来推动煤炭企业加大绿色生态投入，进行绿色生态创新。

煤炭企业绿色生态投入及技术创新各个动力要素对于绿色生态投入和生态技术创新行为的影响并不是单向的，在各个要素以各种方式推动绿色生态投入和生态技术创新行为的同时，煤炭企业绿色生态投入行为及其结果也反作用于各动力要素。煤炭企业可能通过一项生态技术改变市场需求结构，从而引发新的生态技术市场需求，为煤炭企业进一步的生态技术创新指明方向。

煤炭企业基于绿色生态投入取得的创新成果还可能改变煤炭企业在市场竞争中的地位。此外，煤炭企业的生态技术创新成果也是生态科技发展的一个方面，因此也就给生态科技进步一个正的反馈。同时煤炭企业的生态技术创新成果通过经济利益驱动来影响企业家精神和员工的生态创新意识，从而增强企业家和员工的生态技术创新动力。生态技术创新的正外部性所带来社会效益会使政府加大对生态技术创新的支持，通过对相关的生态政策和法规进行补充和完善，为煤炭企业开展生态技术创新创造更加有利的社会和市场环境。生态技术创新的开展还可以缓解资源短缺、环境恶化的现状，从而实现企业自身的良性循环发展和整个社会的可持续发展。

通过上述分析，可以概括出煤炭企业绿色生态投入动力机制的运行方式：煤炭企业的各外部动力要素，包括来自市场需求的拉动力和市场竞争的压力、来自生态科技的推动力、来自政府生态政策的支持力、来自资源与环境的压力和社会文化环境的压力等，都通过直接或者间接转化成为煤炭企业的经济利益驱动力，从而成为绿色生态投入和生态技术创新的动力源泉和保障。而企业家精神对利益的敏感性可以直接驱动煤炭企业加大绿色生态投入，进行生态技术创新，并通过企业生态文化和企业内部激励机制间接激发企业员工的生态创新意识和创新热情，进而增强企业生态技术创新能力，保障煤炭企业生态技术创新活动的顺利开展，绿色生态投入使用效率提高，绿色矿山建设效果提升。煤炭企业绿色矿山建设效果反过来又会作用于以上各动力要素，通过增大政府所获得的社会利益和环境利益，使得政府对企业绿色生态活动的支持能够继续保持，同时生态技术创新还可以改变市场竞争格局，推动生态科技进步。如此循环往复，使得煤炭企业的绿色生态投入和生态技术创新活动能够持续进行下去，如图8-2所示。

总之，煤炭企业绿色生态投入在内外部动力的共同作用下得以保障，同时基于绿色生态投入产生的绿色生态创新成果保障了绿色矿山建设效果，绿色矿山建设效果又反馈于各动力要素，激发出新的动力，推动煤炭企业加大绿色生态投入、进行更高层次的绿色生态创新，使得煤炭企业的绿色生态创新活动以一种螺旋上升的方式不断发展。

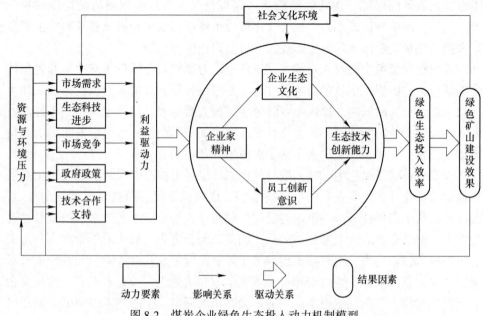

图 8-2 煤炭企业绿色生态投入动力机制模型

8.3 完善煤矿绿色生态投入综合动力机制的制度保障

8.3.1 煤矿绿色生态投入成本的会计核算制度

8.3.1.1 基于改进 MFCA 的煤矿物料流成本核算

煤炭企业采用物质流成本会计核算方法对绿色生态投入进行核算与分配，与传统会计将废弃物看成毫无用处的垃圾不同，其将废弃物作为资源损失，将废弃物产生的环节、地点、原因及成本进行关联，引起煤炭企业管理者对无效劳动和资源利用率低的资源浪费的重视，促使煤炭企业进行绿色生态投入，对废弃物进行循环利用，采取措施减少废弃物的产出，提高正制品的输出量。煤炭企业采用物质流成本会计核算将外部环境损失内部化，有利于衡量环境成本，为企业经营管理提供环境信息，激发企业进行绿色生态投入，减少和避免企业经营决策过程中的环境风险。改进 MFCA 的创新之处在于将物质流成本核算方法的输入端由材料成本、能源成本、系统成本构成扩展为由材料成本、能源成本、系统成本、绿色生态投入成本构成。同时，由于煤炭企业开展绿色生态投入活动，降低了负制品即废弃物的排放量。另外，绿色生态投入活动使煤炭企业加大了对废弃物的综合利用，使部分已排放的废弃物可返回输入端重新使用。但是，煤炭企业的绿色生态投入受技术条件和投入力度的影响，不能使其达到零排放，仍会产生部分废弃物。因此本书将物料流成本核算公式创新为：材料成本+能源成本+系统成本+

绿色生态投入成本=正制品成本+负制品成本+废弃物综合利用返回物料。煤炭企业物质输入与输出关系如图 8-3 所示。

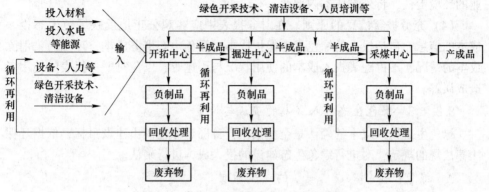

图 8-3　煤炭企业物质输入、输出关系图

8.3.1.2　绿色生态投入成本核算原则

绿色生态投入成本核算原则是进行绿色生态投入成本应遵循的规范与核算的基础和依据。绿色生态投入成本核算是会计学核算的分支和组成部分，因此，绿色生态投入成本核算时应该与一般的会计核算原则相符，如按实际成本计价原则、合法性原则、权责发生制原则、相关性原则、可靠性原则及分期核算原则等。然而，由于绿色生态投入成本的核算对象具有特殊性，相应的核算原则也具有特殊性，绿色生态投入成本核算应遵循如下的原则：

（1）合规性原则。计入绿色生态投入成本的各项费用开支，必须符合国家颁布的有关环保的法律法规规定的成本开支范围和费用开支标准的规定。

（2）经济效益、环境效益与社会效益统筹兼顾的原则。煤矿绿色生态建设也必须平衡经济发展、环境保护与安全生产三个方面，将经济效益（指实现企业利润的最大化）、社会效益（主要是指满足企业员工及矿区周边居民的安全和健康收益）与环境效益（指保护生态环境、最小化生态扰动）协调一致，从而实现煤炭企业长期永续的可持续发展目标。随着社会公众和利益相关者对生态环境和安全生产的重视增加，煤矿企业在追求利润最大化的基础上，还应该协调三者的关系，不断加强绿色煤炭生态产业建设、加大安全生产投入、提高环境效益和社会效益，统筹兼顾经济效益、环境效益与社会效益，以实现煤炭企业长期永续的可持续发展目标。因此，绿色生态投入成本核算应兼顾经济效益、环境效益与社会效益，正确处理企业的绿色生态投入成本。

（3）外部影响内部化的原则。外部成本内部化是环保法律法规对煤炭企业生产过程中造成的生态环境破坏和污染行为进行征税等经济手段，或者通过相关的法律法规、社会参与来限制和规范企业的行为。煤矿每生产一单位煤不仅会发生私人边际成本，而且还会带来外部成本。这就要求煤炭企业在计算生产成本时，不仅考虑与煤炭生产相关的原材料成本、人工成本、制造费用，还要考虑企业的环境责任，将外部成本内部化。

（4）充分披露信息的原则。在财务报表中应客观公正地反映绿色生态投入成本的信息，包括投入的绿色生态保护成本、绿色生态事务成本、环境污染消除成本的情况，不得隐瞒投入成本的使用状况与用途等，以免对财务报表的使用者造成误解。

8.3.1.3 绿色生态投入成本的确认与计量

绿色生态投入成本的确认是企业根据自身确定绿色矿山建设目标，依据环保法律法规的规定，对进行绿色生态建设的投入成本进行确认。

A 绿色生态投入成本确认的一般标准

（1）可定义性。可定义性是指判断发生的支出是否符合绿色生态投入成本的定义，绿色生态投入成本确认的关键是发生的交易或事项与绿色生态投入的相关活动有关，引起资产的减少或负债的增加，导致经济利益流出煤炭企业，最终导致煤炭企业所有者权益的减少。

（2）可计量性。可计量性是指发生的绿色生态投入成本的金额能够合理地计量或在合理地估计后予以计量。对于发生的绿色生态投入成本，有些可以直接量化、予以确认，而有些成本需要会计人员利用职业判断，予以合理的估计后确认。

（3）可靠性。可靠性是指提供的绿色生态投入成本的信息是真实准确的，主要体现在发生绿色生态投入成本的经济业务是实际发生的，确认的时间、确认的金额是正确的。

（4）相关性。相关性是指记录的绿色生态投入成本的信息满足了财务报表使用者对该信息的需求，有利于财务报表使用者依据该信息作出相应的经济决策。

B 绿色生态投入成本确认的实务标准

（1）遵守国家政策与环保法律法规。国家政策与环保法律法规均对煤炭企业应该降低生态破坏与进行生态保护作出相关的规定，包括收取环境治理保护金、制定的环保基础标准等，煤炭企业因遵守国家政策与环保法律法规发生的支出形成绿色生态投入成本。

（2）正确区分资本性支出、收益性支出。绿色生态投入成本确认的关键是正确划分资本性支出、权益性支出与或有性支出。绿色生态投入成本到底归于资本化成本还是费用化成本，区分的标准是发生的绿色生态投入成本确认期间是一个还是几个，是资本化还是收益化。如果绿色生态投入成本具有以下特征，则应当将其资本化：第一，可以减少或防止今后煤矿开采过程中造成的生态环境问题；第二，能够防止破坏生态环境，起到环境保护作用；第三，进行的绿色生态投入对其生态环境的影响作用超过一个会计年度。

C 绿色生态投入成本确认程序

根据成本确认的理论标准和实务标准，煤矿绿色生态投入成本确认的流程如图 8-4 所示。

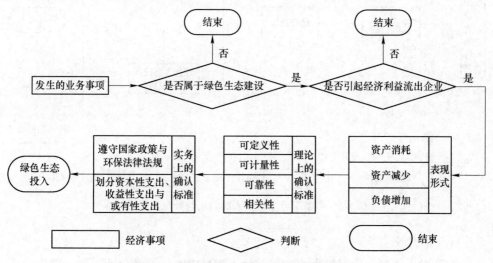

图 8-4 煤矿绿色生态投入成本确认流程图

D 绿色生态投入成本的确认与计量

绿色生态投入成本的计量是指对确认的绿色生态投入成本，采用一定的计量单位和属性，对数量与金额予以确认的过程。绿色生态投入成本的计量需要确定计量的单位与计量的属性。目前，成本会计计量的主要模式是历史成本法，其他各种计量模式辅助计量，计量单位是以货币计量。绿色生态投入成本的计量应遵循成本会计计量的一般标准，但是，由于绿色生态投入成本的特殊性，其计量又具有独特性，主要表现在：第一，计量单位以货币为主，但需要结合实物或技术的计量方法。绿色生态投入的大部分业务可以以货币计量核算成本，但是，有些业务仅依靠货币计量不能完整清晰的反映经济业务，需要结合实物计量或技术计量等方法。如煤炭企业对排放二氧化硫、粉尘、矿井瓦斯排放气体等无法通过货币计量，可以选择使用物理计量方法。第二，绿色生态投入成本在遵循传统的历史成本、可变现净值、重置成本、公允价值、现值五种计量属性的前提下，辅助以机会成本、恢复成本、替代成本等计量方法对绿色生态投入成本进行核算。

8.3.1.4 绿色生态投入成本的归集

绿色生态投入成本的归集与分配程序是按照会计制度的规定进行成本的确认与记录，在与绿色生态投入有关的经济活动发生时，会计人员应依据取得的原始凭证或编制的原始凭证，编制相应的记账凭证，以追踪发生的绿色生态投入成本，根据记账凭证，登记明细账与总账。在对绿色生态投入成本归集后，将其分配计入煤炭产品成本或期间费用。煤矿绿色生态投入的归集与分配流程见图8-5。

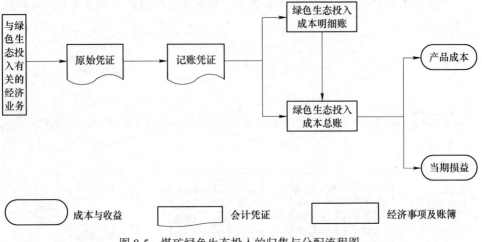

图8-5　煤矿绿色生态投入的归集与分配流程图

A　账户设置

按照发生的绿色生态投入成本是否计入产品成本，设置会计科目。发生的煤矿绿色生态投入成本计入产品成本即可资本化的成本，如购买的清洁生产设备，计入"绿色生态投入成本"科目；发生的煤矿绿色生态投入成本属于期间费用，与煤炭产品无关，即费用化的绿色生态投入成本，如员工培训费用，计入"绿色生态事务管理费用"。

一级科目：绿色生态投入成本。绿色生态投入成本属于成本类账户，借方用于核算投入的绿色生态成本的增加额，贷方用于核算期末转出的绿色生态投入成本，期末结转后，绿色生态投入成本账户的余额为0（如图8-6所示）。

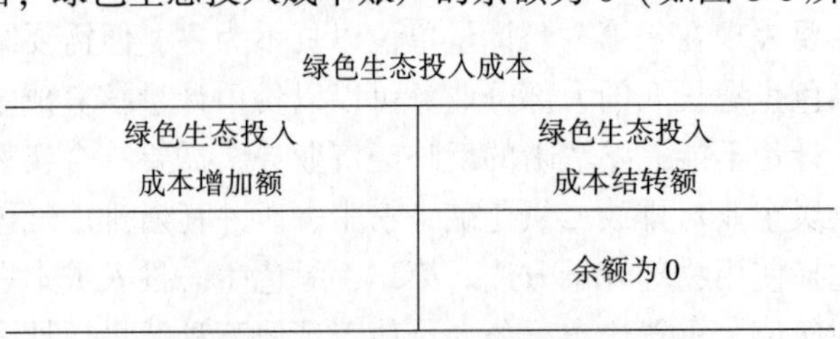

绿色生态投入成本

绿色生态投入 成本增加额	绿色生态投入 成本结转额
	余额为0

图8-6　绿色生态投入成本账户示意图

煤炭企业需要结合具体投入在绿色生态投入成本科目下设置二级科目：清洁生产技术折旧、绿色生态预防成本、废弃物综合治理投入成本、资源回收利用成本、废弃物回收利用成本等。

一级科目：绿色生态事务管理费用。绿色生态事务管理费用属于费用类账户，用于核算煤炭企业在生产过程中，应计入本期但不由产品负担的各项绿色生态投入成本，借方登记各项绿色生态管理事务费用的发生额，贷方登记期末转出的绿色生态管理事务费用，期末余额为0（如图8-7所示）。

绿色生态事务管理费用

绿色生态事务 管理费用增加额	绿色生态事务 管理费用结转额
	余额为0

图8-7 绿色生态事务管理费用示意图

绿色生态事务管理费用下设二级科目：无形资产摊销、维护费用、员工绿色生态教育成本、绿色生态事务管理费等。

对于绿色生态投入的成本项目与会计核算口径作逐一对照，汇总如表8-1所示。

表8-1 绿色生态投入成本项目表

一级科目	二级科目	费用范围
绿色生态 投入成本	清洁生产设备折旧费	清洁生产设备的折旧额或改造费用
	职工薪酬材料费用	生态保护设备的操作人员的薪酬、绿色生态矿山建设过程中消耗的材料及备件
	绿色生态预防成本	防止生态破坏发生的成本
	废弃物处置费	企业自行或聘请外部机构处理煤炭开采的废弃物所发生的处置费
	资源回收利用成本	为降低资源损失率而发生的成本
	废弃物回收利用成本	因对废弃物进行循环利用而发生的成本
绿色生态事 务管理费用	绿色开采技术研究成本	研究绿色生产技术发生的支出
	绿色开采技术摊销费用	绿色开采技术的摊销费用
	员工教育培训费	对员工进行绿色生态教育、普及绿色生态知识，培养绿色生态保护能力的支出
	绿色生态事务管理费	为支持绿色生态矿山建设发生的成本、设置的环保部门发生的各项费用
	清洁生产设备维护费	生态保护设备的维护人员的薪酬、维护过程中消耗的材料及备件

B 绿色生态投入成本的账务归集

绿色生态投入成本支出的账务归集：

（1）煤炭企业发生的清洁生产设备购买成本，账务处理如下

借：固定资产——清洁生产设备

　　　　　应交税费——应交增值税
　　　　　　贷：银行存款等
　　　　清洁生产设备在预计的使用期间内，采用恰当的折旧方法，计提折旧
　　　　　借：绿色生态投入成本——清洁生产设备折旧
　　　　　　　贷：累计折旧——清洁生产设备
　　　（2）发生的绿色生态预防成本，如开展的环境勘测与监测支出
　　　　　借：绿色生态投入成本——绿色生态预防成本
　　　　　　　贷：银行存款
　　　（3）发生的与煤炭排放废弃物治理与废弃物综合利用相关的成本
　　　　　借：绿色生态投入成本——废弃物治理成本
　　　　　　　　　——综合利用成本
　　　　　　　贷：银行存款
　　　　　　　　　原材料等
　　　（4）发生的与绿色煤炭生态产业建设相关的人工薪酬、材料费用，如清洁生产设备操作人员工资，应计入绿色生态投入成本
　　　　　借：绿色生态投入成本
　　　　　　　贷：应付职工薪酬
　　　　　　　　　原材料等
　　　（5）煤炭企业发生的绿色开采技术研发成本，其中研究成本应计入绿色生态事务管理成本，而绿色开采技术开发成本应计入无形资产，账务处理如下
　　　　　借：无形资产——绿色开采技术
　　　　　　　绿色生态事务管理费用——绿色开采技术研究支出
　　　　　　　贷：原材料
　　　　　　　　　银行存款
　　　　　　　　　应付职工薪酬
　　　　煤炭企业发生的绿色开采技术购买成本，作如下账务处理
　　　　　借：无形资产——绿色开采技术
　　　　　　　贷：银行存款
　　　　在收益期间，对煤炭企业确认的无形资产计提摊销
　　　　　借：绿色生态事务管理费用——无形资产摊销
　　　　　　　贷：累计摊销
　　　（6）发生的煤炭企业环保设备操作及维护人员的经费及消耗的材料费用，根据会计准则规定，计入绿色生态事务管理费用
　　　　　借：绿色生态事务管理费用——维护费用
　　　　　　　贷：银行存款

原材料等

（7）发生的绿色生态投入成本属于期间费用的账务处理如下

借：绿色生态事务管理费用

贷：银行存款等

（8）对员工进行绿色生态教育、普及绿色生态知识、培养绿色生态保护能力的支出，作如下账务处理

借：绿色生态事务管理费用——员工教育培训费

贷：银行存款等

8.3.1.5 绿色生态投入成本的分配

绿色生态投入成本的构成按其投入目的进行分类，包括为减少废弃物排放和对生态环境的破坏而投入的成本、为实现废弃物的再利用而投入的成本、对难以进行再利用的废弃物的处置成本，绿色生态投入成本的构成及其确认过程如图8-8所示。

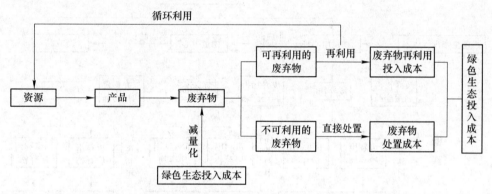

图 8-8　绿色生态投入成本的分类及确认

根据物质流成本会计的基本原理，结合煤炭企业的生产流程，发生的绿色生态投入成本计入绿色生态投入成本账户后，在正制品和负制品之间进行分配，进行煤炭企业全成本、全流程分类核算。

其核算步骤如下：

（1）选择适用对象。根据煤炭企业的产品生产流程，物质流核算的对象为输出的制品或一定对象范围。物质流核算的目的是通过该核算方法确定各环节的资源利用率和资源损失率，对资源浪费的环节持续改善，因此，适用对象选择时应结合煤炭生产流程及每个煤炭企业的自身特点，将可进行改善的空间较大，改善难度较小的生产环节或生产线作为核算对象。

（2）设定煤炭企业物质流的物量中心。物量中心即成本计算单元，物量中心的确定是根据煤炭企业的生产流程进行划分的，煤炭企业的物质流主要环节的物量中心主要包括开拓中心、掘进中心、采煤中心等，辅助的物量中心主要包括

机电中心、运输中心、通风中心、安装中心等。同时，物量中心的确定需要结合企业的规模及成本计算的精度和工作量。根据设定的物量中心，对煤炭企业绿色生态投入成本展开会计核算与分配。

（3）在煤炭物质流转过程中，划分正制品与负制品对成本展开分类核算。根据确定的物量中心，进行数据的采集与收集整理。根据生产现场的统计表格及现场测量数据对输入端的投入量与输出端的正制品、负制品的重量及废弃物的综合利用量进行采测。在对各物量中心的采测数据进行收集和整理后，通过资源流转图或编制物质流转矩阵表，记录输入端的材料成本、能源成本、系统成本、绿色生态投入成本，并在输出端的正制品、负制品即废弃物、废弃物再利用产品间进行分配，从而计算各物量中心的输出正制品率和资源损失率，最后确定资源损失。

基于物质流的煤炭企业绿色生态投入成本流转过程如图8-9所示。

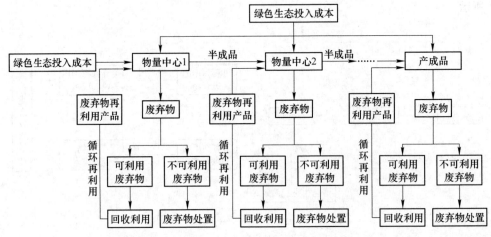

图 8-9　煤炭企业绿色生态投入流转过程

如图8-9所示，煤炭企业的绿色生态投入成本包括事前的绿色生态预防成本、事中的绿色生态投入成本、事后的绿色生态投入成本即废弃物处置成本。结合绿色生态投入成本的目的，将其在正制品、不可利用的废弃物、可利用的废弃物之间进行分配。

为了清晰的反映煤炭企业绿色生态投入成本的分配，增设"废弃物"账户，把发生的煤炭企业排放废弃物相关的成本与煤炭产品成本相分离。首先，已发生的绿色生态投入成本在煤炭生产的输出正制品与输出负制品之间分配。其次，废弃物分为可利用的废弃物与不可利用的废弃物，废弃物已分配的绿色生态投入成本在可利用的废弃物与不可利用的废弃物之间进行分配。最后，因可利用废弃物的回收利用而发生的绿色生态投入成本计入废弃物返回产品的成本中，因不可利用的废弃物发生的绿色生态投入成本即废弃物处置成本计入不可利用的废弃物成本中。

（1）已计入"绿色生态投入成本"账户的绿色生态投入成本在正制品与负制品即废弃物间进行分配。其中，影响正制品与负制品输出量的作为有效的绿色生态投入成本，其余的作为无效的绿色生态投入成本，则资源综合利用中的废弃物处置成本应作为无效的绿色生态投入成本。有效的绿色生态投入成本可根据煤炭生产环节输出的正制品与输出的负制品的重量或主要因素的含量对其加以分配，无效的绿色生态投入成本应直接全部计入负制品成本。计算公式如下：

$$负制品分配率 = \frac{负制品重量(或主要因素含量)}{正制品重量(或主要因素含量) + 负制品重量(或主要因素含量)}$$

$$绿色生态投入成本(正制品) = 绿色生态投入成本 \times (1 - 负制品分配率)$$

$$绿色生态投入成本(负制品成本) = 绿色生态投入成本 \times$$
$$负制品分配率 + 绿色生态投入成本无效投入$$

正制品分配到绿色生态投入成本时作如下账务处理

借：生产成本——某产品

　　贷：绿色生态投入成本

（2）分配到废弃物的绿色生态投入成本在可利用废弃物与不可利用废弃物间进行分配，参照上述分配方法，计算公式如下：

分配率=不可利用负制品质量(或主要因素含量)/[可利用负制品质量(或主要因素含量)+不可利用负制品质量(或主要因素含量)]

绿色生态投入成本(可利用废弃物)=废弃物已分配绿色生态投入成本×(1-分配率)

绿色生态投入成本(不可利用的废弃物)=废弃物已分配绿色生态投入成本×分配率

绿色生态投入成本的账务处理如下

借：废弃物——可利用废弃物

　　废弃物——不可利用废弃物

　　贷：绿色生态投入成本

（3）因对不可利用的废弃物的处置发生的绿色生态投入成本，归集计入废弃物成本，然后将其分摊到产生废弃物的物量中心输出的正制品产品成本。会计处理如下

借：废弃物——不可利用废弃物

　　贷：绿色生态投入成本

借：生产成本

　　贷：废弃物

（4）追踪煤炭企业发生的与可利用废弃物相关的绿色生态投入成本，主要是废弃物综合利用成本，将其归集到"废弃物——可利用废弃物"账户，与处

置废弃物的核算不同的是，废弃物再利用耗费的绿色生态投入成本应分摊到再利用所生产的产品成本，由废弃物再利用所得的收入补偿。

　　借：废弃物——可利用废弃物
　　　　贷：绿色生态投入
　　借：生产成本——再利用产品成本
　　　　贷：废弃物

"绿色生态投入成本"分配流程如图 8-10 所示。

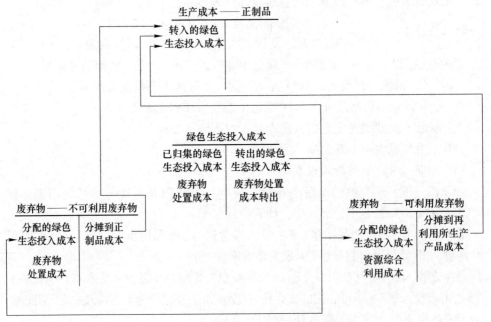

图 8-10　绿色生态投入会计科目核算流程图

　　按照物质流核算方法，成本在煤炭企业各物量中心间进行流转，由于绿色生态投入成本的增加，使得每个物量中心的输入成本包括上一流程转入的正制品成本、本流程新投入成本及承担的间接费用，经过该物量中心后，上述成本又转化为新的正制品成本、负制品成本，最终，在最后的物量中心完成核算。

8.3.2　基于生态风险评价的矿区生态补偿保证金制度

8.3.2.1　煤矿生态环境补偿机制的含义

　　煤矿社会隐性环境成本应该通过建立健全煤矿开采的生态环境补偿机制，不断使得煤炭企业对社会隐性环境成本负责，使得外部成本内部化。

　　生态环境补偿是通过将外部性成本内部化达到改善和保护生态环境的经济措施。至今为止，生态环境补偿还未形成明确清晰的定义。目前的生态环境补偿主要包括两个方面，第一，自然生态补偿（natural ecological compensation）。《环境科学大辞典》中对自然生态补偿的定义是：生态系统、生物有机体、种群或群落因外界活动而受到干扰时，为了维持自身的能力和还原生态环境的负荷，生态环境系统对外界的社会和经济活动造成的生态环境干扰进行缓和和补偿，从而使得内部得以缓和外界的干扰、调节自身的状态。第二，对引发生态环境破坏的行为或活动加以收费，使得实施该行为或活动的主体的成本增加，促使其为了减少或降低成本而减少生态环境破坏的行为或行动，同时，对保护生态环境的行为予以奖励，对其因保护外部生态环境发生的成本支出进行补偿，激发其进行生态环境保护的动力。本书的生态环境补偿是指上述定义的第二种，即生态环境补偿是对生态环境破坏行为进行收费，对生态环境保护行为进行奖励，从而调动生态环境保护的积极性。促进生态环境和资源使用的可持续发展。

国外生态环境补偿研究的主要内容如下：一是生态环境补偿是以生态环境的功能价值为标准进行确定的；二是生态环境补偿的主体与客体明晰，补偿的主体是政府补偿与市场补偿，其中，政府补偿为主，市场补偿为辅，政府补偿主要是针对生态环境服务者与受益者难以确定的社会公共环境，而市场补偿主要是针对市场交易明确可以清晰的确定市场交易的提供者和受益者；三是生态环境补偿最好在事前进行，为了保护和改善生态环境，应避免在资源开发过程中对生态环境进行破坏，其具有事前补偿的特点。

国内对生态环境补偿的定义和侧重点各有不同，一是吕忠梅等将生态环境补偿进行广义与狭义的区分，强调生态环境补偿是以对造成生态环境系统的恢复治理为核心，指出狭义的生态环境补偿是指对因人类的生产活动和资源开发活动造成的生态环境破坏、引发的环境污染问题，进行生态环境损失的经济补偿或恢复、治理生态环境系统。广义的生态环境补偿除包括上述内容，还包括因生态环境遭到破坏而丧失的发展机会的补偿，补偿主要是在经济方面、技术手段、实物方面给予补偿。二是毛显强等强调生态环境补偿是一种保护生态环境和自然资源的经济手段，认为对损害生态环境和自然资源的行为或活动进行收费，提高其行为或活动主体的成本，促使其降低或减少生态环境破坏行为，对保护和改善生态环境的行为给予补偿或奖励，提高其开展生态环境保护行为的收益，有利于激发其保护和改善生态环境行为的动力，最终实现保护生态环境的目标。三是强调生态环境补偿在补偿中坚持破坏者与使用者补偿原则，即对生态环境造成负面影响的主体是补偿的承担者，坚持使用资源的主体承担补偿的责任。四是坚持受益者补偿原则，是指因资源开采而受益的主体对生态环境承担生态补偿责任，来调动治理生态环境的积极性。

上述观点分别以不同的视角对生态环境补偿的涵义进行了界定，与国外对生态环境补偿的内涵相比，我国对生态环境补偿定义的核心是生态环境破坏，对生态环境的补偿侧重于对因资源开采行为或生产活动造成的生态环境破坏行为进行补偿，而并非针对生态环境系统的生态服务价值进行补偿，与国外的生态环境补偿的事前补偿特点相比，我国生态环境补偿具有事后补偿的特点。因此，我国的生态补偿定义运用了 Eco-compensation，这是由我国法制体制和国家特定发展阶段决定的。

煤炭开采生态环境补偿的概念有广义和狭义之分，广义的煤炭开采生态补偿是指对煤炭矿区生态系统的理论服务价值进行补偿，不仅包括狭义的生态环境补偿内容，也包括对煤炭矿区内因生态环境遭到破坏而丧失发展机会的居民给予的资金补偿、政策优惠、实物补偿、技术支持，对因环境保护丧失发展机会的区域内的居民进行的资金、技术、实物上的补偿、政策上的优惠，还包括对生态环境损失的补偿。狭义的煤炭开采生态环境补偿是指在煤炭资源开采过程中对生态环境造成破坏，企业对造成的生态环境破坏进行修复与治理，对因生态环境遭到破坏而利益受损的人员进行赔偿，上述成本的总和称为煤炭开采生态环境补偿。煤炭开采生态环境补偿包括煤炭矿区生态环境的恢复成本与对煤炭矿区利益受损居民的直接经济赔偿成本，但狭义的煤炭矿区生态环境补偿主要强调的是对煤炭矿区生态环境的恢复。

狭义的煤炭开采生态补偿的定义具有可行性与可操作性，比较容易实现，有利于实现短期对生态环境的保护，也适用于我国的国情。本书从狭义的角度定义煤炭开采生态环境补偿的内涵，是指煤炭企业在开采利用煤炭资源的过程中，因开采造成生态环境系统功能发生改变，为了保护、维持、恢复和重建生态系统的功能，对生态环境的利益相关者的补偿与恢复，以实现人和人、人和自然之间的和谐发展。

8.3.2.2 矿区整体生态风险分析

为了更好地了解矿区生态破坏的整体路径，我们按煤炭矿区的生态活动对土地破坏产生的影响进行梳理，通过图 8-11 整理分析了矿区生态破坏的原因及后果。

煤炭行业属于资源消耗型行业，其对生态环境的破坏在煤炭开采的整体活动中都有体现，结合煤炭生产的整体过程：首先，在开采阶段，煤炭的开采会占用大量的土地和植被，对于露天开采的生产活动会直接造成地表土层和周围植被的不同程度的破坏，而对于地下开采的生产活动会引起地面塌陷，从而进一步引起地表土地及地上植被的破坏；其次，是煤炭开采过程中产生的废弃物、煤矸石和煤粉灰等如果没有进行有效的二次利用，就会占用大量的土地，对土地和矿区生态系统造成不同程度的损害；最后，是煤炭开采过程中产生的衍生影响，矿区各种生产活动对土地产生的各种影响会直接或者间接地对矿区周边的水体、气体产生一定的影响，并产生重金属危害等。总体来说，矿区生态破坏的直接原因是对土地的破坏，植被破坏、水体污染、气体污染及重金属污染都是矿区土地破坏产生的影响。

具体的基于生产流程的矿区整体风险分析图如图 8-11 所示。

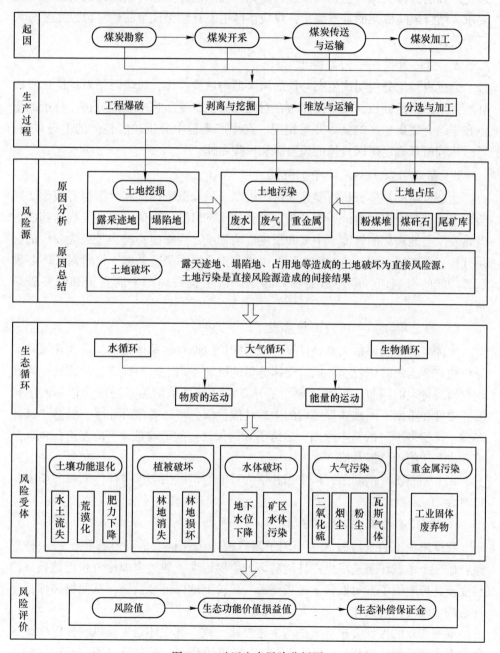

图 8-11　矿区生态风险分析图

8.3.2.3 保证金核算的思路与框架

基于生态风险评价的保证金计算的整体思路为，在生态风险评价的基础上，以生态补偿为目的，对生态风险进行量化处理。结合生态补偿最终的货币性衡量要求，结合风险框架的基本概念，煤炭矿区生态补偿保证金的建立可以主要分为三个阶段。

A 第一阶段——问题提出阶段

通过资料的分析明确生态补偿的风险源与风险受体，风险源是对矿区生态破坏所发生原因的分析，风险受体是在对此原因上所受影响事物的分析。分析的重点在于结合煤炭矿区的具体开采情况，在生产流程中分析矿区整体的生态风险，通过流程梳理确定矿区具体的风险源和风险受体。

B 第二阶段——风险分析阶段

生态风险的具体分析需要建立两个模型，风险概率模型和生态损害模型。风险概率模型是生态风险的原因分析，核算的生态风险发生的可能性，具体到矿区就是发生土地破坏的轻度、中度和重度影响程度；生态损害模型是风险发生的后果分析，在矿区土壤、植被、大气、水体和重金属污染的基础上评价对矿区各种服务功能的影响值，最终需要核算的是矿区生态破坏产生的直接和间接破坏费用。

C 第三阶段——风险评估阶段

矿区生态风险评估主要是计算生态功能价值损益的具体数值，需要在风险源分析的矿区土地破坏程度和风险受体分析的破坏费用上进行计算。计算的重点在于价值当量表的调整，计算的原则是计算矿区破坏前的生态功能价值和发生轻度、中度和重度不同破坏程度后的生态功能价值，将二者差值计算，根据"破坏多少、补偿多少"的基本原则，最终引入的保证金数值就是计算的差值，也就是矿区生态功能价值损益值。

在上述三阶段基础上，以生态补偿为目的的矿区生态风险评价框架图如图8-12所示。

D 保证金核算的基本步骤

程琳琳提出的土地破坏主导因子测算模型为保证金的计算提供了另一种思路：矿区土地破坏是造成生态环境破坏的主要因素，通过合理地分析土地破坏的程度及其影响因子，可以科学地调整每一单位上的保证金数额，从而提高保证金计量的准确性和可操作性。

本书构建的保证金核算方法与上述思路一致，其主体是生态风险分析（矿区风险源和风险受体分析），重点是价值当量表的调整。通过风险源分析矿区的土地破坏程度；通过风险受体分析土地破坏具体影响的矿区生态费用类型，进而计

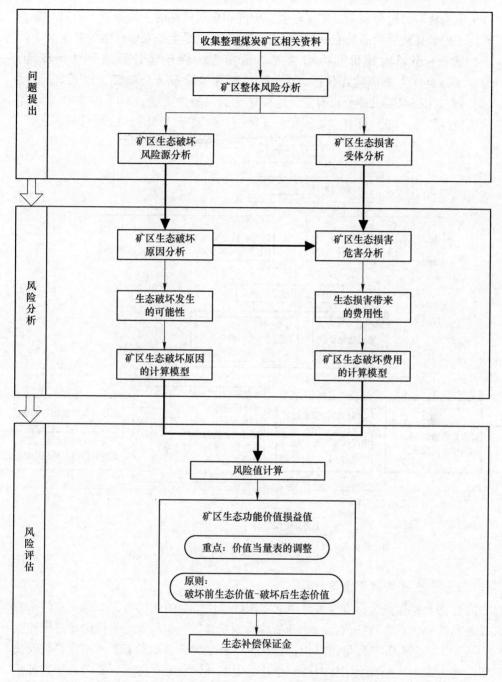

图 8-12 基于生态风险评价的矿区生态补偿保证金核算框架

算矿区的生态功能价值损益。价值损益计算以生态功能价值当量表调整为主，也就是以土地破坏程度（轻度、中度和重度）分别调整矿区破坏前的单位生态服务价值当量表，再分别乘以矿区轻度、中度和重度破坏的土地面积，计算结果为矿区土地破坏前后生态功能价值的变化，保证金就是生态功能价值的差值。

基于生态风险评价和生态功能价值损益的保证金计算的具体步骤为：（1）矿区整体生态风险评价；（2）通过矿区风险源分析确定土地破坏程度；（3）通过生态风险受体分析确定土地破坏造成的费用类型；（4）矿区生态功能价值损益计算；（5）计算生态补偿保证金的具体数额。如图8-13所示。

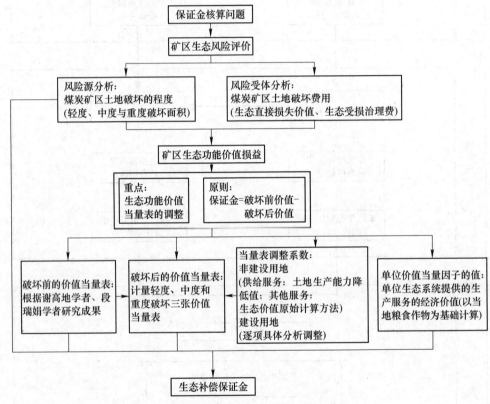

图 8-13   生态补偿保证金核算流程图

E   生态补偿保证金的性质

生态补偿保证金具有专款专用的本质性质，资金的收入与支出均在专门账户中进行核算，总体特征就是"企业所有，政府监管，银行等金融机构参与管理"。

（1）"企业所有"是指煤炭企业是生态补偿保证金的所有者。不管是政府拨款、企业缴纳还是社会团体对煤炭企业的生态补偿资金支持，只要归入生态补偿保证金账户中，即为企业所有。但企业没有完全自由的资金支配权，存入账户中的保证金只有在企业生态治理达标之后才会按规定比例返还给企业。

（2）"政府监管"是指政府是生态补偿保证金的监督者和管理者。政府的主要工作是监督煤炭企业的生态环境治理是否达标，并对达标的企业对其生态环境保证金进行相应的返还，还要及时处理生态监管中的各项问题。

（3）"银行等金融机构参与"是指资金的管理是一种专款账户，专款的资金放在银行机构中存储保管。在没有政府达标指令的情况下，银行不会允许企业动用生态补偿保证金；在企业没有按规定及时缴纳生态补偿保证金时银行也会提醒企业进行缴纳，必要时需冻结其部分资金或资产以确保保证金足额。

F 保证金运行机制

对于生态补偿保证金的整体运行关系，用图 8-14 进行简单梳理，主要从保证金的来源和保证金返还两个层面进行分析。

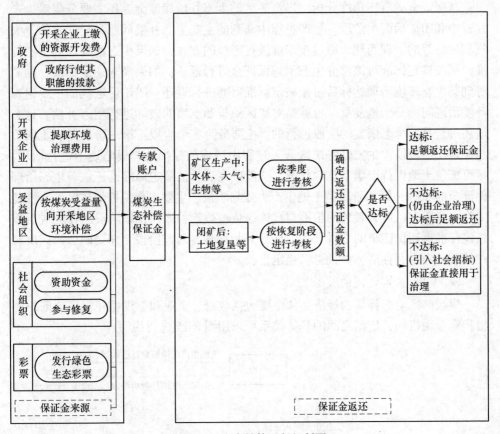

图 8-14 生态补偿运行机制图

从保证金的来源角度分析，生态补偿保证金主要是生态补偿的主体按规定上交的存入保证金专户的金额。政府划拨至该账户的金额主要包括企业上缴的资源开发费，政府需按比例进行划分，其次还包括政府为促进煤炭生态保护进行的专款划拨。开采企业缴纳的生态治理金是保证金账户的主要资金来源，企业每年年末以生态风险评价为基础进行保证金计算，计算结果与保证金账户现有金额进行对比，补足不足的部分。受益地区的保证金缴纳以煤炭销量为标准，按煤炭受益量多少缴纳保证金。社会组织的保证金数额是不定期不定量的，也不是保证金账户应依赖的主要资金途径，社会组织还会通过志愿服务等方式直接参与矿区生态治理，提供人力技术等支持。绿色彩票是通过社会娱乐的方式调动全民参与绿色生态，其资金来源同社会组织相同，都不是保证金专款账户的主要资金来源。

煤炭生态补偿保证金专款账户是连接保证金来源与保证金返还的重要桥梁，是整体运行机制的核心，前面对其性质已经进行过分析，主要为"企业所有，政府监管，银行等金融机构参与管理"。

从保证金的返还角度分析，煤炭矿区的生态补偿保证金返还主要分煤炭生产过程中和闭矿后两个阶段。生产过程中遇到的主要生态补偿问题是矿区水体、大气和生物等的治理问题，通过按季度进行考核的方式，如果生态治理达到生态标准，则按核定标准对该部分生态治理保证金进行返还，如果尚未达到标准，则需等到其生态环境治理达标后再按核定标准对其进行返还。闭矿后遇到的主要生态环境治理问题是土地复垦，也就是对矿区植被和土壤的破坏进行生态补偿，这个返还过程是按生态恢复的阶段进行的，主要分为三个阶段：第一阶段是岩土回填与土地平整阶段，主要是将矿区开采过程中造成的挖损地、塌陷地等进行回填，尽可能使土地保持土壤平整的状态，该阶段完成后按核定标准返还该项生态治理保证金的60%；第二阶段是土地生产力规划阶段，主要工作是规划矿区生态恢复工作，确定矿区适合栽种的植被与具体绿色植被栽种面积，该阶段工作完成后按核定标准返还保证金的25%；第三阶段是植被恢复落实阶段，需要确保矿区所栽种植被已经得到存活，并且可以稳定生长。

G 经济主体之间的关系图

煤炭矿区生态补偿的经济主体主要包括政府、企业和管理返还保证金账户的银行等金融机构，他们之间的具体关系可以用图8-15进行说明。

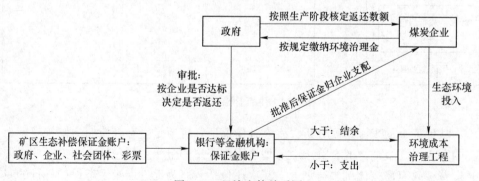

图 8-15 经济主体关系图

首先，保证金账户的资金来源于政府、企业和社会团体，保证金账户的资金经审批后归煤炭企业所支配。其次，政府对煤炭企业负有按生产阶段核定生态补偿保证金返还金额的职责，对保证金账户负有及时进行审批的职责。最后，是保证金账户与环境治理工程投入之间的关系，返还的保证金是有政府按科学的方式进行核算后将账户金额按项目或时间进行分配的，主要取决于各个生态补偿主体缴纳的保证金数额，而环境治理工程以将生态修复达标为主要目的，其成本的投入主要决定于环境破坏程度与治理技术。这种返还制度有助于企业不断改进环境治理手段，如果保证金返还大于环境治理成本，就形成一种生态利润，相反的话就会形成一种生态支出。

H 生态补偿会计科目流转

生态补偿涉及的主要会计科目为银行存款、其他应收项目的生态补偿收入和生产成本的生态补偿支出。按照会计核算的步骤划分，主要分为资金收入环节、补偿支出环节，损益结算环节三个阶段。如图 8-16 所示。

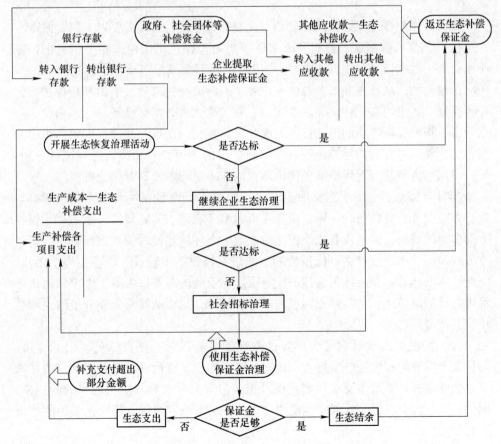

图 8-16 生态补偿保证金会计账户流转图

首先，补偿资金收入环节主要分为企业直接提取的生态补偿保证金和政府及社会组织的资金补助，对于企业直接提取的部分，其会计核算直接由"银行存款"转入"其他应收款——生态补偿收入"科目，而对于政府和其他社会组织的资金补助，需要借记"其他应收款——生态补偿收入"，贷记补助收入或营业外收入等。其次，补偿支出环节需要进行生态补偿的达标判断，如果生态补偿项目达标了，需要将该部分核定的生态补偿保证金返还给企业，如果不达标则需企业进行进一步的生态补偿，若二次审核还没有达标或者企业没有治理能力，则需要引入社会招标的形式进行生态治理，直到企业生态环境治理合格。最后，生态损益结算阶段，将企业生态返还金额与生态支出金额进行对比，如果返还收入大于生态支出金额，则表示有生态利润的结余，反之就是生态支出，如果引入了社会招标，因为项目资金用的就是生态补偿保证金，如果最后有资金剩余则表示是生态结余，如果项目资金不足则表示是生态支出。

8.3.3 其他制度保障

要保证煤矿绿色生态投入综合动力机制的良好运行，还需要以下制度保障。

(1) 信息披露制度。目前及未来还需要完善绿色矿山建设相关信息的披露制度，统一数据口径。根据 2011 年我国公布的国家级绿色矿山的标准来看，绿色矿山建设的信息披露涵盖资源的利用效率、污染物的排放、矿山环境保护、治理和恢复、矿山的文化建设等多个方面，并且绝大多数指标已经量化。由此也可以看出，当前煤炭企业的信息披露制度和披露数据的质量、详细程度仍需进一步完善。这样，一方面能够使企业对于绿色矿山的各项投入和产出进行统计分析，另一方面也方便政府对煤矿绿色矿山建设的成果进行考核和对比分析。

2008 年以来，随着生态文明建设的不断深入，许多煤炭上市企业每年都对外公布企业社会责任报告，涵盖企业在资源循环利用、节能减排、生态环境保护方面取得的成果，但是没有成系统地对企业生态环境建设的绩效进行分析。另一方面，采用公布企业社会责任报告的方式进行披露成本较高，尚存在许多困难。因此，本书认为，企业绿色会计的披露可以在企业的财务报告附注中单独列出一章进行详细的披露，包括财务信息和非财务指标，这样能够更为充分地满足相关使用者的需要。

(2) 绿色矿山认证制度。煤炭企业不仅要从观念上重视绿色矿山的建设，而且要合理分配和使用各项投入。就计提矿山环境恢复治理保证金和安全费用来看，企业都能根据政策要求做到足额计提，但普遍存在对其使用效率低的现象。因此，需要建立、健全煤炭绿色矿山建设的评价方法和机制，将绿色矿山的产出进行量化。

国家应协调调动煤炭工业协会、国土资源部门、高校专家、优秀企业等各方力量，共同制定煤矿绿色生态产业建设标准。从矿山资源与能源消耗、污染控制、资源综合利用、生态保护、生态管理等方面选择科学合理的评价指标，运用科学方法设定各指标的基本标准值、先进标准值、卓越标准值等评价等级，并基于此标准实施绿色矿山认证制度。对于符合指标标准的煤炭企业颁发许可证书，该认可证书要作为煤炭企业取得新开采权的重要条件，同时作为其申请税收优惠、财政补贴的重要因素。对于认证制度的执行可以由市场专业的评估机构建立完善的评估体系予以评估。

（3）环境产权制度。环境产权的合理界定和权责分配是激励机制发挥作用的前提。然而，在现有的环境产权制度下，产权边界模糊、权责分配不均、产权主体的行为不受约束、激励机制形同虚设、煤炭企业的投机心理严重，因此政府必须首先明确资源开采过程中的产权主体和责任主体划分，从源头上促使企业进行绿色开采，为煤矿绿色矿山建设保驾护航。政府要完善环境产权制度，从产权界定制度、产权配置制度、产权交易制度和产权保护制度四个方面来构建环境产权制度框架。把依靠政府行政命令强制干预企业的环境保护行为，变为依靠市场调节、遵循规律的企业的自发行为，提高绿色矿山的建设效率。

（4）生态市场制度。生态市场是生态商品经济发展到一定阶段的必然产物，生态市场的运行受经济规律与生态规律的双重约束，为此，必然要求生态市场主体在双重规律的作用下能动地发挥作用。其中，政府要通过制度创新和管理创新，发挥生态资本的开放集聚效应，积极培育建构生态市场体系，加大财政投入，带动和引导企业与社会公众进行生态投资，增强生态资本融资功能。企业要通过不断采用和创新生态技术，发挥生态资本的共生共进效应，提高生态资源的利用率和产出率。生态市场的建立健全还需要普及生态文明教育，确立生态文明价值观，树立绿色消费理念，通过社会公众改进消费模式，提倡绿色消费、适度消费、理性消费，形成生态市场的社会基础。

8.4　小结

结合前几章的研究结论，给出了煤矿绿色生态投入动力机制的运行方式。煤炭企业的各外部动力要素，包括来自市场需求的拉动力和市场竞争的压力、来自生态科技的推动力、来自政府生态政策的支持力、来自资源与环境的压力和社会文化环境的压力等，都通过直接或者间接转化成为煤炭企业的经济利益驱动力，从而成为绿色生态投入和生态技术创新的动力源泉和保障。而企业家精神对利益的敏感性可以直接驱动煤炭企业加大绿色生态投入，进行生态技术创新，并通过企业生态文化和企业内部激励机制间接激发企业员工的生态创新意识和创新热情，进而增强企业生态技术创新能力，保障煤炭企业生态技术创新活动的顺利开展，绿色生态投入使用效率提高，绿色矿山建设效果提升。煤炭企业绿色矿山建设效果反过来又会作用于以上各动力要素，通过增大政府所获得的社会利益和环境利益，使得政府对企业绿色生态活动的支持能够继续保持，同时生态技术创新还可以改变市场竞争格局，推动生态科技进步，如此循环往复，使得煤炭企业的绿色生态投入和生态技术创新活动能够持续进行下去。最后，提出了完善煤矿绿色生态投入综合动力机制的制度保障和措施建议：基于改进 MFCA 的煤矿物料流成本核算制度、基于生态风险评价的矿区生态补偿保证金制度、信息披露制度、绿色矿山认证制度、环境产权、生态市场制度。

参 考 文 献

[1] 陈毓圭. 环境会计和报告的第一份国际指南——联合国国际会计和报告标准政府间专家工作组第 15 次会议记述 [J]. 会计研究, 1998, 5: 2~9.

[2] 郭道扬. 绿色成本控制初探 [J]. 财会月刊, 1997, 5: 3~7.

[3] 朱学义. 我国环境会计初探 [J]. 会计研究, 1999, 4: 27~31.

[4] 陈晓红, 赵贺春, 李岩. 工业企业低碳生产的动力机制研究——基于我国铝业低碳生产的数据 [J]. 数理统计与管理, 2014, 2: 222~232.

[5] 傅双双. 企业碳审计评价指标体系构建及其应用 [D]. 无锡: 江南大学, 2014.

[6] 刘峰. 煤炭行业低碳生态矿山建设模式及评价研究 [D]. 北京: 中国矿业大学(北京), 2011.

[7] 秦格, 朱学义. 浅谈可持续发展基金的会计核算 [J]. 财会通讯, 2010, 25: 87~88.

[8] 王灵梅, 张金屯. 生态学理论在生态工业发展中的应用 [J]. 环境保护, 2003, 7: 57~60.

[9] 王永生, 黄洁, 李虹. 澳大利亚矿山环境治理管理、规范与启示 [J]. 中国国土资源经济, 2006, 11: 36~48.

[10] 张瑞, 张晓东, 丁日佳. 基于 VIKOR 方法的煤矿生态建设评价研究 [J]. 科技管理研究, 2015, 9: 62~65.

[11] 周朝民, 李寿德, 顾孟迪, 等. 厂商污染治理投资的最优控制策略 [J]. 系统管理学报, 2010, 6: 710~712.

[12] 陈斌, 张有乾, 艾聪. 基于绿色开采的绿色矿山建设 [J]. 山西焦煤科技, 2010, 6: 50~53.

[13] 陈端计. 绿色发展: 中国"十二五"发展转型升级的必然选择 [J]. 经济问题探索, 2011, 8: 153~158.

[14] 郭军华. 多任务委托-代理模型下的循环经济发展激励机制研究 [J]. 统计与决策, 2009, 12: 44~46.

[15] 黄嘉婷. 基于 DEA 的化工行业绿色绩效评价研究 [D]. 武汉: 武汉理工大学, 2013.

[16] 孙维中. 浅谈绿色矿山建设 [J]. 煤炭工程, 2006, 4: 60~61.

[17] 汪云甲. 论矿区资源绿色开发的资源科学基础 [J]. 资源科学, 2005, 1: 14~19.

[18] 王一淑. 推进煤矿环保, 构建和谐绿色矿山 [J]. 洁净煤技术, 2011, 4: 104~107.

[19] 吴玉平. 低碳背景下煤炭企业经营绩效考评体系研究 [D]. 北京: 中国地质大学, 2009.

[20] 白雪华. 完善我国矿山环境补偿机制思路探讨 [J]. 中国国土资源经济, 2008, 4: 21~23.

[21] 白中科, 耿海青, 郭二民, 等. 关于煤炭开发生态补偿的若干意见 [J]. 环境保护, 2006, 9: 46~48.

[22] 鲍爱华. 生态矿山建设的几点思考 [J]. 矿业研究与开发, 2005, 3: 1~4.

[23] 鲍薇. 煤炭企业环境成本的构成及计量研究 [D]. 南昌: 华东交通大学, 2015.

[24] 卞正富, 许家林, 雷少刚. 论矿山生态建设 [J]. 煤炭学报, 2007, 1: 13~19.

[25] 卞正富, 张国良. 矿山复垦土壤生产力指数的修正模型 [J]. 土壤学报, 2000, 1:

124~130.

[26] 蔡海生，肖复明，张学玲. 基于生态足迹变化的鄱阳湖自然保护区生态补偿定量分析 [J]. 长江流域资源与环境，2010，6：623~627.

[27] 曹东，赵学涛，杨威杉. 中国绿色经济发展和机制政策创新研究 [J]. 中国人口·资源与环境，2012，5：48~54.

[28] 曹明德. 矿产资源生态补偿法律制度之探究 [J]. 法商研究，2007，2：17~24.

[29] 曹庆仁，曹明，李爽，等. 双重委托代理关系下煤矿安全管理者激励模式 [J]. 系统管理学报，2011，1：10~15.

[30] 曹书民，杜清玲. PDCA 循环在企业绩效管理系统中的运用 [J]. 价值工程，2008，6：103~106.

[31] 曹伟. 石化企业绿色竞争力指标体系构建与评价 [D]. 北京：北京化工大学，2012.

[32] 常青，邱瑶，谢苗苗，等. 基于土地破坏的矿区生态风险评价：理论与方法 [J]. 生态学报，2012，16：5164~5174.

[33] 陈香. 企业环境绩效审计体系的构建 [D]. 北京：首都经济贸易大学，2014.

[34] 程琳琳，胡振琪，宋蕾. 我国矿产资源开发的生态补偿机制与政策 [J]. 中国矿业，2007，4：11~13.

[35] 程琳琳，胡振琪. 我国矿区土地复垦保证金制度浅析 [J]. 中国矿业，2008，9：18~19.

[36] 程琳琳，马逯，付亚洁. 矿山复垦保证金测算方法综述及改进 [J]. 农业工程学报，2016，7：224~229.

[37] 程隆云. 企业环境成本核算若干问题的思考 [J]. 北京理工大学学报（社会科学版），2005，1：40~44.

[38] 初宁. 煤炭企业绿色经营绩效评价指标体系研究 [D]. 保定：河北大学，2009.

[39] 崔丽芳. 山西省煤炭资源开发生态补偿机制研究 [D]. 济南：山东师范大学，2013.

[40] 崔丽娟. 鄱阳湖湿地生态系统服务功能价值评估研究 [J]. 生态学杂志，2004，4：47~51.

[41] 崔秀梅. 企业绿色投资的驱动机制及其实现路径——基于价值创造的分析 [J]. 江海学刊，2013，3：85~91.

[42] 代春艳，张希良，王恩创，等. 基于 VIKOR 多属性方法的可再生能源技术评价研究 [J]. 科学决策，2012，1：65~77.

[43] 杜恒瑞. 国有大型煤矿绿色开发管理体系的构建与实施 [J]. 中国煤炭，2010，4：21~29.

[44] 段瑞娟，郝晋珉，王静. 土地利用结构与生态系统服务功能价值变化研究——以山西省大同市为例 [J]. 生态经济，2005，3：60~62.

[45] 方刚. 环境成本计量的文献综述 [J]. 经济研究导刊，2014，6：286~288.

[46] 冯巧根. 基于环境经营的物料流量成本会计及应用 [J]. 会计研究，2008，12：69~76.

[47] 干存银. 我国煤炭行业上市公司资本结构与经营效率和企业竞争力关系研究 [D]. 上海：复旦大学，2012.

[48] 高利霞. 机械制造企业绿色采购绩效评价方法研究 [D]. 北京：北京邮电大学，2010.

[49] 葛伟亚，李君浒，叶念军. 我国矿山环境生态补偿机制探索 [J]. 中国矿业，2008，5：

36~38.

[50] 龚杰昌，李潇，周晨. 我国矿区土地复垦保证金收取标准测算方法选择研究 [J]. 当代经济科学，2012，6：115~121.

[51] 巩芳，胡艺. 矿产资源开发生态补偿主体之间的博弈分析 [J]. 矿业研究与开发，2015，3：93~97.

[52] 郭本海，黄良义，刘思峰. 基于"政府-企业"间委托代理关系的节能激励机制 [J]. 中国人口·资源与环境，2013，8：160~164.

[53] 郭俊山. 完善环境恢复治理保证金制度的对策与建议 [J]. 煤炭经济研究，2014，6：15~17.

[54] 郭铜畏. 物料流量成本会计的基本解析 [J]. 商业经济，2015，1：123~124.

[55] 何平林，刘建平，王晓霞. 财政投资效率的数据包络分析：基于环境保护投资 [J]. 财政研究，2011，5：30~34.

[56] 胡安水. 生态价值论视野下的循环经济 [J]. 山东理工大学学报（社会科学版），2006，4：10~14.

[57] 胡小飞，傅春，陈伏生，等. 国内外生态补偿基础理论与研究热点的可视化分析 [J]. 长江流域资源与环境，2012，11：1395~1401.

[58] 胡振琪. 国外土地复垦新进展 [J]. 中国土地，1996，10：41~42.

[59] 黄和平，毕军，张炳，等. 物质流分析研究述评 [J]. 生态学报，2007，1：368~379.

[60] 黄敬军，倪嘉曾，赵永忠，等. 绿色矿山创建标准及考评指标研究 [J]. 中国矿业，2008，7：36~39.

[61] 黄锡生. 矿产资源生态补偿制度探究 [J]. 现代法学，2006，6：122~127.

[62] 江秀娟. 生态补偿类型与方式研究 [D]. 青岛：中国海洋大学，2010.

[63] 姜伟. 外部性视角下的我国煤炭资源完全成本的构建 [D]. 徐州：中国矿业大学，2014.

[64] 金卓，王晶，孔卫英. 生态价值研究综述 [J]. 理论月刊，2011，9：68~71.

[65] 赖小莹. 绿色矿山建设评价指标与方法研究 [J]. 资源节约与环保，2013，8：26.

[66] 雷小凤. 提升我国钢铁企业绿色竞争力措施的研究 [D]. 长沙：湖南大学，2009.

[67] 李保杰，顾和和，纪亚洲，等. 基于 RS 和 GIS 的矿区土地利用变化对生态服务价值损益影响研究——以徐州市九里矿区为例 [J]. 水土保持研究，2010，5：123~128.

[68] 李丽英，刘勇. 我国东南部煤矿区生态补偿标准的测算方法 [J]. 煤炭科学技术，2010，4：111~114.

[69] 李玲. 环境成本的分类及会计核算试探 [J]. 财会月刊，2004，5：5~6.

[70] 李苗苗. 借鉴美国经验完善我国政府环境审计 [J]. 财会月刊，2014，22：98~101.

[71] 李楠，程瑶. 基于灰色关联分析的煤炭上市公司经营绩效评价 [J]. 中国煤炭. 2006（3）.

[72] 李世超. 基于绿色理论的供电企业绩效评价研究 [D]. 济南：山东大学，2012.

[73] 李文华，刘某承. 关于中国生态补偿机制建设的几点思考 [J]. 资源科学，2010，5：791~796.

[74] 李晓波. 企业绿色管理绩效评价研究 [D]. 哈尔滨：哈尔滨工业大学，2009.

[75] 李英华. 中国煤炭企业100强分析报告 [R]. 北京：中国煤炭工业协会，2011.

[76] 李永峰. 煤炭资源开发对矿区资源环境影响的测度研究 [J]. 中国矿业大学学报，2009，

4：607~608.

[77] 李志梅. 企业绿色经营：可持续发展必由之路 [M]. 北京：机械工业出版社，2005.

[78] 梁利辉，曾凡英. 浅析盐化工业废弃物的核算 [J]. 会计之友（下旬刊），2009，9：35~36.

[79] 林万祥，肖序. 社会环境成本若干问题的研究 [J]. 河南金融管理干部学院学报，2002，3：34~36.

[80] 刘鸿雁，孔峰. VIKOR算法在房地产估价中应用研究 [J]. 西安建筑科技大学学报：自然科学版，2012，5：731~735.

[81] 刘建功，赵庆彪，刘峰，等. 煤炭生态矿山建设理论与技术 [M]. 北京：煤炭工业出版社，2013.

[82] 刘建功. 冀中能源低碳生态矿山建设的研究与实践 [J]. 煤炭学报，2011，2：317~321.

[83] 刘建兴. 绿色矿山的概念内涵及其系统构成研究 [J]. 中国矿业，2014，2：51~54.

[84] 刘倩倩. 我国煤炭环境外部成本核算与内部化研究 [D]. 北京：中国环境科学研究院，2014.

[85] 刘绍枫. 煤炭企业环境绩效审计评价研究 [D]. 太原：太原理工大学，2013.

[86] 刘孙丹. 基于生态系统服务功能评价的矿区生态补偿机制研究 [D]. 昆明：云南财经大学，2013.

[87] 刘卫国，储祥俊，郑垂勇. 多任务委托-代理模型下企业发展低碳经济的激励机制 [J]. 水利经济，2011，1：6~10.

[88] 刘尧. 我国金属矿山绿色发展指标研究 [D]. 北京：中国地质大学，2011.

[89] 刘勇，岳玲玲，李晋昌. 太原市土壤重金属污染及其潜在生态风险评价 [J]. 环境科学学报，2011，6：1285~1293.

[90] 陆学，陈兴鹏. 循环经济理论研究综述 [J]. 中国人口·资源与环境，2014，S2：204~208.

[91] 罗辉，刘建江. 对完善矿区土地复垦保证金制度的思考 [J]. 国土资源科技管理，2011，4：85~89.

[92] 罗喜英. 基于循环经济的资源损失定量化研究 [D]. 长沙：中南大学，2012.

[93] 罗亚明，谷青. 包装企业绿色竞争力评价指标体系研究 [J]. 包装工程，2008，12：233~235.

[94] 马国勇，陈红. 基于利益相关者理论的生态补偿机制研究 [J]. 生态经济，2014，4：33~36.

[95] 毛显强，钟瑜，张胜. 生态补偿的理论探讨 [J]. 中国人口·资源与环境，2002，4：40~43.

[96] 毛勇，胡振琪. 土地复垦工程的成本与效益分析 [J]. 山西煤炭，1996，6：50~51，56.

[97] 茅铭晨. 政府管制理论研究综述 [J]. 管理世界，2007，2：137~150.

[98] 孟爱仙. 煤炭企业环境成本核算及信息披露研究 [J]. 商业会计，2015，23：68~70.

[99] 孟峰，杨静. 开采引起的土地破坏分析及预测评价 [J]. 陕西煤炭，2007，1：8~10.

[100] 孟祥瑞. 基于平衡计分卡的石油化工行业绩效评价研究 [D]. 济南：山东经济学院，2010.

[101] 牛文元. 可持续发展理论的内涵认知：纪念联合国里约环发大会 20 周年 [J]. 中国人口·资源与环境，2012，5：9~14.

[102] 彭曼丽. 马克思生态思想发展轨迹研究 [D]. 长沙：湖南大学，2014.

[103] 钱鸣高，缪协兴，许家林. 资源与环境协调（绿色）开采 [J]. 煤炭学报，2007，1：1~7.

[104] 钱鸣高. 煤矿的科学开采 [J]. 煤炭学报，2010（4）：529~534.

[105] 钱欣，王德. 基于意愿价值评估法的城市景观价值评估研究 [A]. 中国城市规划学会. 多元与包容：2012 中国城市规划年会论文集：10. 风景园林规划 [C]. 中国城市规划学会，2012：12.

[106] 乔繁盛，栗欣. 推进绿色矿山建设工作之浅见 [J]. 中国矿业，2010，10：59~62.

[107] 秦格，朱学义，王一舒. 我国煤炭矿区生态恢复成本研究 [J]. 煤炭经济研究，2008，5：47~49.

[108] 秦格. 生态环境补偿会计核算理论与框架构建 [J]. 中国矿业大学学报（社会科学版），2011，3：80~84.

[109] 秦格. 我国矿产资源价值计量研究综述和展望 [J]. 煤炭经济研究，2012，7：53~56.

[110] 邱文玮. 矿区生态服务功能价值的评估模型及其应用研究 [D]. 徐州：中国矿业大学，2014.

[111] 让-雅克-拉丰，大卫-马赫蒂摩. 激励理论（第一卷）委托代理模型 [M]. 北京：中国人民大学出版社，2002.

[112] 沈满洪，谢慧明. 公共物品问题及其解决思路——公共物品理论文献综述 [J]. 浙江大学学报：人文社会科学版，2009，6：133~144.

[113] 史俊伟，孟祥瑞，董羽，等. 煤炭企业绿色竞争力评价指标体系研究 [J]. 煤炭经济研究，2015，11：44~49.

[114] 宋海彬. 绿色矿山绩效评价指标设计 [J]. 煤炭技术，2013，8：5~7.

[115] 宋蕾，李峰. 矿山修复治理保证金的标准核算模型 [J]. 中国土地科学，2011，1：78~83.

[116] 宋蕾. 矿产开发生态补偿理论与计征模式研究 [D]. 北京：中国地质大学，2009.

[117] 宋蕾. 美国矿山修复治理保证金的构建和启示 [J]. 资源与产业，2011，1：166~172.

[118] 宋学峰，温斌. 绿色矿山建设水平定量化评价研究 [J]. 中国矿业，2014，4：54~56.

[119] 孙贵尚，李建中. 我国矿山地质环境治理恢复保证金制度评估研究 [J]. 当代经济，2014，22：128~129.

[120] 孙顺利，周科平. 矿区生态环境恢复分析 [J]. 矿业研究与开发，2007，5：78~81.

[121] 孙婷婷. 我国煤炭资源开发环境成本计量及补偿金机制研究 [D]. 北京：中国地质大学，2014.

[122] 孙新章，谢高地，张其仔，等. 中国生态补偿的实践及其政策取向 [J]. 资源科学，2006，4：25~30.

[123] 田丹凤. 山西省煤炭资源开发动态化生态补偿机制研究 [D]. 太原：山西大学，2015.

[124] 田密. 环境管理会计理论与实务问题浅析 [J]. 企业导报，2016，5：21.

[125] 万军，张惠远，王金南，等. 中国生态补偿政策评估与框架初探 [J]. 环境科学研究，

2005，2：1~8.

[126] 汪国兵. 我国矿山土地复垦保证金制度研究 [D]. 兰州：兰州大学，2011.

[127] 汪健民. 基于作业成本法的煤炭企业成本控制研究 [D]. 北京：中国矿业大学（北京），2013.

[128] 汪劲. 论生态补偿的概念——以《生态补偿条例》草案的立法解释为背景 [J]. 中国地质大学学报：社会科学版，2014，1：1~8.

[129] 汪文生，邹杰龙. 基于 DEA 的煤炭企业绿色矿山建设效率评价与优化 [J]. 中国煤炭，2013，1：119~121.

[130] 王博宇. 我国企业环境成本管理研究 [D]. 大连：东北财经大学，2016.

[131] 王超. 作业成本法在环境成本中的应用研究——以煤炭企业为例 [J]. 会计之友，2016，4：110~113.

[132] 王成，魏朝富，邵景安，等. 区域生态服务价值对土地利用变化的响应——以重庆市沙坪坝区为例 [J]. 应用生态学报，2006，8：1485~1489.

[133] 王干，白明旭. 中国矿区生态补偿资金来源机制和对策探讨 [J]. 中国人口·资源与环境，2015，5：75~82.

[134] 王寒秋. 煤矿安全投入与经济效益关系浅析 [J]. 中国煤炭，2005，5：60~61.

[135] 王辉. 煤炭开采的生态补偿机制研究 [D]. 徐州：中国矿业大学，2012.

[136] 王洁. 能源审计在煤炭企业能源有关方面的应用 [J]. 内蒙古石油化工，2011，6：51~53.

[137] 王金民. 矿区工业废水监测的质量保证 [J]. 煤炭技术，2004，8：109~110.

[138] 王金南，庄国泰. 生态补偿机制与政策设计 [M]. 北京：中国环境科学出版社，2003.

[139] 王景波. 基于平衡计分卡的煤炭企业绩效评价研究 [D]. 青岛：山东科技大学，2007：17~46.

[140] 王丽莎. 生态文明视域下的美丽中国 [D]. 南京：南京大学，2014.

[141] 王明旭，许梦国，王平，等. 基于新型木桶理论的绿色矿山建设水平评价 [J]. 中国矿业，2013，12：68~72.

[142] 王娜，周翔. VIKOR 法下的企业社会责任评价研究——基于消费者视角 [J]. 淮阴工学院学报，2014，1：76~82.

[143] 王钦敏. 建立补偿机制保护生态环境 [J]. 求是，2004，13：55~56.

[144] 王社平，刘建功，祁泽民，等. 邢东煤矿绿色矿山建设集成技术 [J]. 煤炭科学技术，2009，11：125~128.

[145] 王文良. 煤炭企业生态竞争力评价及实证研究 [D]. 天津：河北工业大学，2011.

[146] 魏权龄. 评价相对有效性的方法 [M]. 北京：人民出版社，1998.

[147] 温素彬，薛恒新. 基于科学发展观的企业三重绩效评价模型 [J]. 会计研究，2005，4：60~64.

[148] 吴历勇. 煤矿区生态恢复理论与技术研究进展 [J]. 矿产保护与利用，2012，4：54~58.

[149] 吴雯雯. 我国稀土行业物质流成本会计的应用研究 [J]. 江西理工大学学报，2015，6：66~71.

[150] 武稳健. 绿色矿山评价指标体系构建 [D]. 北京：中国地质大学，2012.

[151] 夏远强，孙艳. 多任务协调均衡下的 IT 外包激励机制研究 [J]. 信息系统学报，2012，2：45~54.

[152] 夏芸. 可持续发展战略下绿色绩效评价综合模型 [J]. 统计与决策，2005，23：9~11.

[153] 肖武，胡振琪，许献磊，等. 煤矿区土地复垦成本确定方法 [J]. 煤炭学报，2010，S1：175~179.

[154] 肖序，刘三红. 基于"元素流-价值流"分析的环境管理会计研究 [J]. 会计研究，2014，3：79~87.

[155] 肖序，郑玲. 低碳经济下企业碳会计体系构建研究 [J]. 中国人口·资源与环境，2011，8：55~60.

[156] 谢高地，甄霖，鲁春霞，等. 一个基于专家知识的生态系统服务价值化方法 [J]. 自然资源学报，2008，5：911~919.

[157] 谢志明. 燃煤发电企业循环经济资源价值流研究 [D]. 长沙：中南大学，2012.

[158] 辛琨，陈涛. 水污染损失估算与治理水污染生态效益实例分析 [J]. 环境保护科学，1998，2：20~24.

[159] 信春华，丁日佳，刘峰. 井工矿低碳生态矿山建设多阶段综合评价模型 [J]. 煤炭学报，2012，6：1061~1066.

[160] 邢育刚. 煤矿区地面沉陷引起的生态服务价值变化与生态修复对策研究 [D]. 太原：山西大学，2013.

[161] 徐涵洵. 井工开采引起煤矿区土地破坏状况及趋势分析 [D]. 太原：太原理工大学，2015.

[162] 徐兰军. 耗竭性资源资产评估理论与方法研究 [D]. 长沙：中南大学，2003.

[163] 徐莉，朱同斌，余红伟. 低碳经济发展激励机制研究 [J]. 科技进步与对策，2010，22：117~120.

[164] 许妮，许军. 陕西煤炭矿山环境治理恢复保证金制度研究 [J]. 西北农林科技大学学报：社会科学版，2010，4：83~87.

[165] 颜鹏文，部莉珺. 煤炭企业环境成本控制问题研究 [J]. 福建质量管理，2016，2：142.

[166] 杨娜. 海岸带溢油生态补偿保证金核算及实施研究 [D]. 大连：大连理工大学，2014.

[167] 杨艺多. 环境成本控制国内外文献综述 [J]. 福建质量管理，2016，3：99.

[168] 姚圣，毛子涵. 生态权益、环境成本、资源损失：工业企业的环境控制体系 [J]. 中国矿业大学学报：社会科学版，2012，1：46~53.

[169] 依靠科技进步，加快推进煤炭工业现代化——王显政会长在煤炭工业技术委员会成立暨行业表彰大会上的讲话（摘要）[J]. 中国煤炭工业，2008，5：6~8.

[170] 于左. 美国矿地复垦法律的经验及对中国的启示 [J]. 煤炭经济研究，2005，5：10~13.

[171] 俞富坤. 低碳经济背景下物质流成本会计核算思路探略 [J]. 商业经济研究，2015，31：112~113.

[172] 张爱美，李文瑜，吴卫红，等. 我国工业企业节能减排激励与约束机制研究 [J]. 生态

经济，2013，12：107~110.

[173] 张德明，贾晓晴，乔繁盛，等. 绿色矿山评价指标体系的初步探讨 [J]. 再生资源与循环经济，2010，12：11~13.

[174] 张德明，王荃. 我国矿山环境治理资金的来源及影响因素分析 [J]. 国土资源情报，2004，4：50~54.

[175] 张复明，景普秋. 资源型经济的形成：自强机制与个案研究 [J]. 中国社会科学，2008，5：117~130.

[176] 张宏军. 西方外部性理论研究述评 [J]. 经济问题，2007，2：14~16.

[177] 张洪潮，李亚文. 生态型煤炭产业集群构建的环境政策研究 [J]. 煤炭经济研究，2012，2：47~50.

[178] 张建国. 环境成本会计在煤矿企业的应用 [J]. 财会月刊，2011，11：79~81.

[179] 张建萍，周青慧. 长治矿区矿山地质环境分区研究 [J]. 华北国土资源，2008，3：49~51.

[180] 张健，陈瀛，何琼，等. 基于循环经济的流程工业企业物质流建模与仿真 [J]. 中国人口·资源与环境，2014，7：165~174.

[181] 张瑞，丁日佳，李宏鑫. 矿区循环经济评价指标体系的构建及评价方法研究 [J]. 中国矿业，2009，11：42~44.

[182] 张文霞，管东生. 生态系统服务价值评估：问题与出路 [J]. 生态经济：学术版，2008，1：28~31.

[183] 张杨. 煤炭企业能源审计研究与探索 [J]. 煤炭经济研究，2011，12：71~73.

[184] 章铮. 生态环境补偿费的若干基本问题 [M]. 北京：中国环境科学出版社，1995，81~87.

[185] 赵静. 基于环境经营的物料流量成本会计及应用 [J]. 商，2016，6：149.

[186] 赵倩莹. 论我国适用风险预防原则的法律制度构建 [D]. 郑州：郑州大学，2010.

[187] 赵新奋，张兴仁. 我国矿产资源综合利用及发展对策 [J]. 矿产保护与利用，1997，5：16~20.

[188] 赵宇，张立新. 绿色生态矿山建设与可持续发展 [C]//山西省金属学会. 第十六届六省矿山学术交流会论文集，2009：3.

[189] 钟瑜，张胜，毛显强. 退田还湖生态补偿机制研究——以鄱阳湖区为案例 [J]. 中国人口·资源与环境，2002，4：48~52.

[190] 周妍. 基于土地利用变化的生态系统服务价值研究 [D]. 北京：中国地质大学，2014.

[191] 周志方，肖序. 流程制造型企业的资源价值流转模型构建研究 [J]. 中国地质大学学报：社会科学版，2009，5：43~50.

[192] 朱海静. 低碳经济视角下煤炭企业环境成本评价研究 [D]. 秦皇岛：燕山大学，2013.

[193] 朱丽华. 生态补偿法的产生与发展 [D]. 中国海洋大学，2010.

[194] 朱永恒，濮励杰，赵春雨，等. 土地污染的一个评价指标：土壤动物 [J]. 土壤通报，2006，2：2373~2377.

[195] 庄国泰，高鹏，王学军. 中国生态环境补偿费的理论与实践 [J]. 中国环境科学，1995，6：413~418.

[196] Art Sehneideman. Why balanced scored fall [J]. Journal of Strategic Performance Measurement, 1999, 2: 6~11.

[197] Assaf, Josiassen . Triple Bottom Line reporting improve hotel performance [J]. International Journal of Hospitality Management, 2012 , 6: 596~600.

[198] Fu H P, Oli J R. Combining PCA with DEA to Improve the Evaluation of Project Performance Data: A Taiwanese Bureau of Energy Case Study [J]. Project Management Journal, 2013 , 2: 94~106.

[199] Lin T Y, Chiu S H. Using independent component analysis and network DEA to improve bank performance evaluation [J]. Economic Modelling, 2013 , 3: 608~616.

[200] Shen J, Ren Z C, Pan W D. The Green Mining Construction and Management of Da an shan Coal Mine in Western Beijing [J]. Advanced Design and Manufacturing Technology Ⅲ, PTS 1~4, Applied Mechanics and Materials, 2013.

[201] A Myrick Freeman Ⅲ. The Measurement of Environmental and Resource Values: Theory and Methods. 1993.

[202] Cooper W W, Seiford L M, Tone K. Data envelopment analysis: a comprehensive text with models, applications, references and DEA – Slover software [M]. 2nd ed. New York: Springer Seience & Business Media, 2007.

[203] Corbera E. Soberania C G, Brown K. Institutional Dimensions of Payments for Environmental Services: An Analysis of Mexico's Carbon Forestry [J]. Ecological Economics, 2009, 68 (3): 743~761.

[204] David B. Dynamic incentives by environmental Policy instruments survey in American [J]. Ecological Economics, 2005, 54 (23): 162~218.

[205] Gerard D. The law and economics of reclamation bonds [J]. Resources Policy, 2000 (26): 189~197.

[206] Holmstrom B, Milgrom P. Multi–task Principal Agent Analyses: Incentive Contracts, Asset Ownership and Job Design [J]. Journal of Law, Economics and Organization, 1991, 7: 24~52.

[207] Klassen, Mclaughlin. The Impact of Environmental Management on Firm Performance [J]. Management Science, 2001 (42): 1199~1214.

[208] Munoz Pina C, Guevara A, Torres J M, et al. Paying for the hydrological services of mexico's forests: Analysis, negotiations and results [J]. Ecological Economics, 2008, 65 (4): 712~724.

[209] Pagiola S, Bishop J, Landell M N. Selling forest environmental services: Market – based mechanisms for conservation and development [M]. London: Earthscan, 2002.

[210] Pearce D W, Barbier E B, Markandya A. Sustainable development: Economics and environment in the third world [J]. American Journal of Agricultural Economics, 1991, 8 (2): 216~217.

[211] Rasnic C D. Federally required restoration of surface–mined property: Impasse between the coal industry and the environmentally concerned (USA) [J]. Nat. Resour. J. (United

states), 1983, 23: 2.

[212] Reijnders L. Policies in fluencing cleaner production: the role of prices and regulation [J]. Journal of Cleaner Production, 2006, 3: 333.

[213] Sarkis, Rasheed. Environmental Protacivism and Firm Performance: Evidence from Security Analyst Earning Forecast Business Strategy and the Environment, 2000, 8: 104~114.

[214] Staniskis J K, Stasiskiene Z. Promotion of cleaner production investments: international experience [J]. Journal of Cleaner Production, 2004, 11: 619~620.

[215] Takanobu K. Internalization of the external costs of global environmental damage in an integrated assessment model. 2009 (37): 2664~2678.

[216] Vatn A. An Institutional Analysis of Payments for Environmental Services [J]. Economics, 2010, 69 (6): 1245~1252.

[217] Wunder S. Payments for Environmental Services: Some Nuts and Bolts [R]. CIFOR Occasional Paper, 2005, 42.

[218] Yu G, Huang Q, Zhao, X J. Efficiency Evaluation and Optimization of Green mining for Coal Enterprises Based on DEA. Progress in Environmental Protection and Procesing of Resourse, FTS1-4, Applied Mechanics and Materials, 2013.